室内设计实用教程

理想·宅 编

空间色彩设计

Space color design

内容提要

本书是一本实用性很强的室内色彩设计百科式图书，内容丰富涵盖全面。本书共分为五章，内容包括设计基础、配色原则、色彩的情感与意象、风格与配色、色彩与空间关系。本书以设计理论为基础，同时结合大量实景案例，图文并茂地讲解了不同色彩的实用技巧，帮助读者快速地掌握室内空间色彩搭配与设计的方法。

本书可作为室内设计师参考书，也可作为相关专业人员的培训教材及参考指导用书。

图书在版编目（CIP）数据

空间色彩设计 / 理想·宅 编 .— 北京：中国电力出版社，2021.1
室内设计实用教程
ISBN 978-7-5198-4751-7

Ⅰ.①空… Ⅱ.①理… Ⅲ.①室内装饰设计—教材 Ⅳ.① TU238.2

中国版本图书馆 CIP 数据核字（2020）第 105470 号

出版发行：中国电力出版社
地　　址：北京市东城区北京站西街 19 号（邮政编码 100005）
网　　址：http://www.cepp.sgcc.com.cn
责任编辑：曹　巍（010-63412609）
责任校对：黄　蓓　于　维
装帧设计：理想·宅
责任印制：杨晓东

印　　刷：北京瑞禾彩色印刷有限公司
版　　次：2021 年 1 月第一版
印　　次：2021 年 1 月北京第一次印刷
开　　本：710 毫米 ×1000 毫米　16 开本
印　　张：14
字　　数：285 千字
定　　价：78.00 元

前言

FOREWORD

色彩无处不在，与我们的生活息息相关。色彩千变万化，这些变化刺激着人们的感受，潜移默化中影响着人们的情感。可以说，色彩是一门不可忽视的学问。色彩的力量是无穷的，我们应不断地了解色彩，探索色彩的奥秘。本书从设计和配色基础出发，介绍了色彩的基础知识与搭配方法，以及针对不同空间、不同风格下的配色技巧，信息丰富，力求做到细致严谨，希望能够给读者提供更加便捷、有效的配色参考，为设计作品增光添彩。

本书由“理想·宅 Ideal Home”倾力打造，作为一本实用性强的色彩百科式图书，顺应市场需求，建立了一套完整的色彩知识系统。内容全面，以色彩的基础知识作为开端，详细讲解了色彩的形成、分类、属性、角色以及色彩搭配的原则等，让读者对色彩的应用基础做到心中有数。而后针对色彩的情感与意向、装饰风格与色彩搭配、色彩与空间的关系等进行专业详细的讲解，并通过对具体实例的分析让读者更直观地感受到色彩的应用。本书力求图文并茂，通俗易懂，帮助大家较为全面地认识和了解色彩的搭配，提高设计师的色彩设计敏感度，激发配色灵感，从而创作出更加优秀的设计作品。

编　者

2020 年 10 月

目录

CONTENTS

第一章
设计基础

要想对空间进行合理的配色设计，首先应该认识色彩，了解其形成、属性等基本常识。只有充分认知色彩的特性，才能够在空间配色时不出差错，从而设计出观感精美的空间。

第一节
色彩的形成和分类

一、色彩的形成

色彩是通过眼、脑和我们的生活经验所产生的一种对光的视觉效应。人们在白天能看到物体的色彩，但在漆黑无光的夜晚就无法识别物体的形状与色彩，倘若有灯光照明，便又可看到物体的形状与色彩。因此，我们所看到的并不是物体本身的颜色，而是对物体反射的光通过色彩的形式进行感知的。

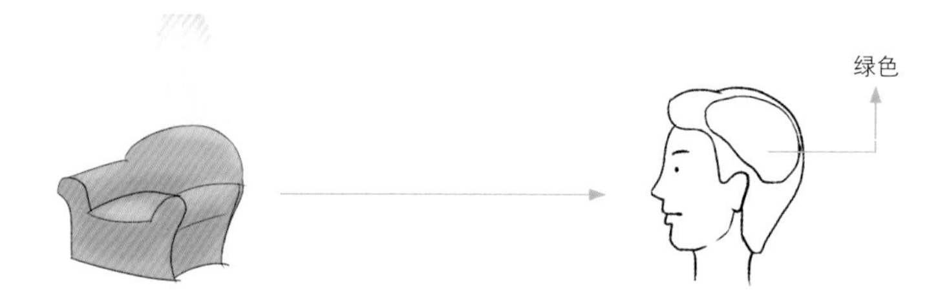

▲ 光线在物体表面反射或穿透，进入人的眼睛，再传递到大脑。例如，人看到的椅子是绿色的，并不代表光本身是绿色，而是人类的脑垂体和脑部结构判断出了绿色

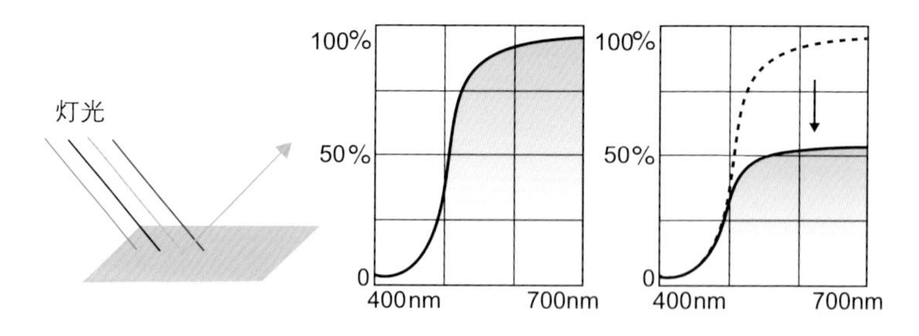

▲ 当灯光照射到绿色椅子上，大量绿色波长被反射时，椅子会显示为鲜艳的绿色；而少量绿色波长被反射时，椅子则会显示为淡雅的绿色

二、色彩的分类

丰富多样的颜色可以分成两个大类，即有彩色系和无彩色系。有彩色是具备光谱上的某种或某些色相，统称为彩调。与此相反，无彩色就没有彩调。

❶ 有彩色系

所有色相环上存在的色彩均为有彩色。根据不同的有彩色给人感觉的不同，可以将它们分为冷色、暖色和中性色。

（1）冷色

能够给人清凉感觉的颜色，称为冷色。蓝绿、蓝、蓝紫等都是冷色，冷色给人坚实、强硬的感受。在空间中，不建议将大面积的暗沉冷色放在顶面或墙面上，容易使人感觉压抑，可以用点缀的方式来使用。

► 蓝色的橱柜使白色系的空间看上去更清爽

（2）暖色

可以给人温暖感觉的颜色，称为暖色。红紫、红、红橙、橙、黄橙、黄、黄绿等都是暖色，暖色给人柔和、柔软的感受。空间中若大面积地使用高纯度的暖色容易影响人的情绪，使人感觉刺激、激动，可小面积点缀或降低其明度或纯度。

► 橙色的点缀让客厅充满积极、热情的氛围

（3）中性色

在冷色和暖色之间，还有一种既不让人感觉温暖也不让人感觉清凉的色彩，就是中性色。中性色包括紫色和绿色，绿色在空间中作为主色时，能够塑造出惬意、舒适的自然感，紫色高雅且具有女性特点。

► 深色系的绿色作为空间背景色，塑造出优雅、自然的感觉

❷ 无彩色系

无彩色系指的是除了彩色以外的其他颜色，通常包括黑、白、灰、金、银等色彩，它们与有彩色系最大的区别是无色相属性，且除了白色外，其余色彩只有明暗的变化，而没有纯度的变化。

（1）广义上的中性色

在进行空间色彩设计时，无色系可以说是不可缺少的色彩。它们在广义上可以定义为中性色，与绿色和紫色不同的是，这里的中性色指的是具有调和作用的、没有任何色相偏向的色彩，它们中的任何一色与有彩色当中的任何色配合都可以起到调和、协调、过渡作用的。如果两种色相组合在一起色彩冲突非常显著时，就可以采用无彩色来使之达到互相连接、调和的效果。

▲ 白色为主的无彩色系空间，给人简洁干净的感觉

（2）让彩色的特性更显著

家居中不可能只使用一种色彩，那么在进行配色时，如果想要强化所使用的色彩的特点，例如加强其冷度或暖度，或想让它更引人注意，就可以将它放在无色系的背景上。

▶ 暗红色的靠垫放在白色沙发上，会有大气、高雅的感觉

三、色相环

色相环是指一种圆形排列的色相光谱，色彩是按照光谱在自然中出现的顺序来排列的。暖色位于包含红色和黄色的半圆之内，冷色包含在绿色和紫色的半圆内，互补色则出现在彼此相对的位置上。常见的色相环分为 12 色相环与 24 色相环。

❶ 12 色相环

12 色相环是由原色、二次色和三次色组合而成。色相环中的三原色是红、黄、蓝，在圆环中形成一个等边三角形。二次色是橙、紫、绿，处在三原色之间，形成另一个等边三角形。红橙、黄橙、黄绿、蓝绿、蓝紫和红紫六色为三次色。三次色是由原色和二次色混合而成的，井然有序的色相环能清楚表达出色彩平衡、调和后的结果。

❷ 24 色相环

奥斯特瓦尔德颜色系统的基本色相为黄、橙、红、紫、蓝、蓝绿、绿、黄绿 8 个主要色相，每个基本色相又分为 3 个部分，组成 24 个分割的色相环，从 1 号排列到 24 号。

在 24 色色相环中彼此相隔十二个数位或者相距 180° 的两个色相，均是互补色关系。互补色结合的色组，是对比最强的色组。使人的视觉产生刺激性、不安定性。相隔 15° 的两个色相，均是同种色对比，色相感单纯、柔和、统一、趋于调和。

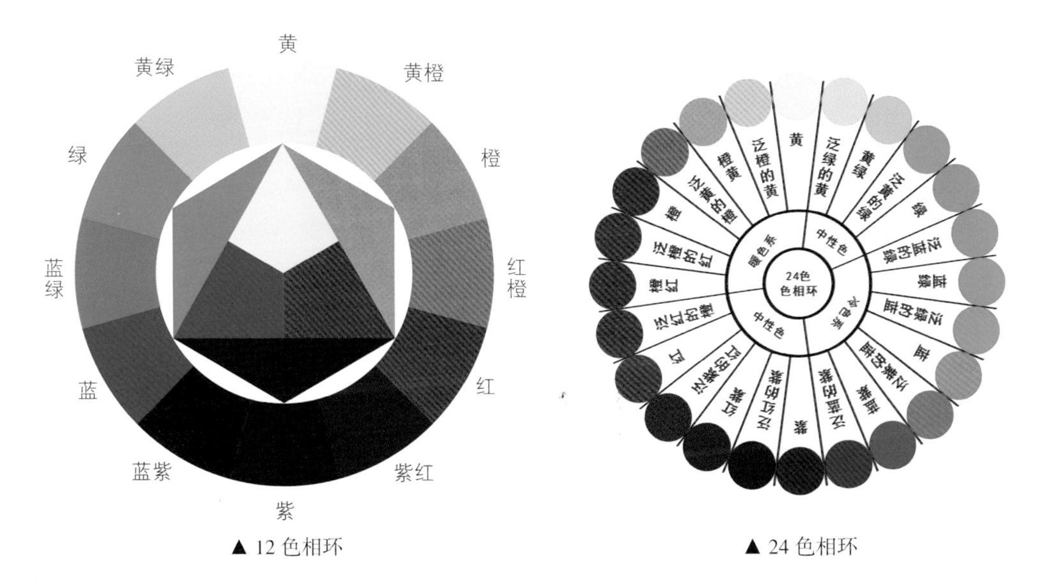

▲ 12 色相环　　▲ 24 色相环

第二节
色彩的三种属性

一、色相

色相是由原色、间色和复色构成的，是一种色彩区别于其他色彩的最准确标准，除了黑、白、灰外，所有色彩都有色相属性。

在进行家居配色时，整体色彩印象是由所选择的色相决定的。例如，以暖色为主的家居配色可以表达出沉稳而温暖的感觉，以冷色为主的家居配色可以形成特有的清澈感。而无彩色系具有强大的容纳力，可以跟任何色调搭配。

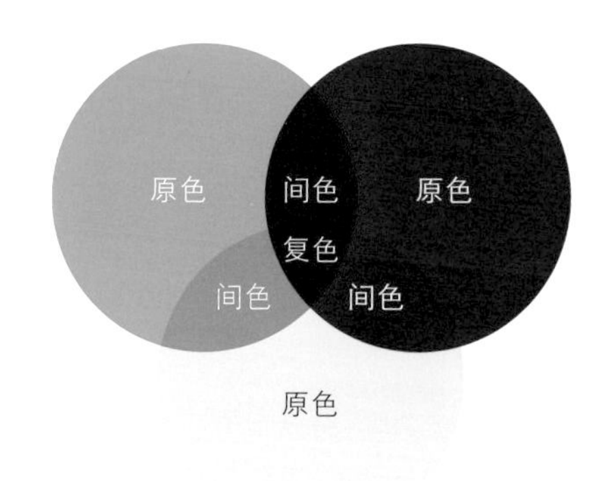

▲ 原色是指红、黄、蓝三种颜色，将其两两混合后得到橙、紫、绿，即为间色，继续混合后得到的就是复色

▲ 以暖色相为主的空间配色

▲ 以冷色相为主的空间配色

▲ 以无彩色相为主的空间配色

二、明度

明度指色彩的明亮程度，明度越高的色彩越明亮，反之则越暗淡。白色是明度最高的色彩，黑色是明度最低的色彩。三原色中，明度最高的是黄色，蓝色的明度最低。同一色相的色彩，添加白色越多明度越高，添加黑色越多明度越低。

在空间配色设计中，明度高的色彩让人感到轻快、活泼，明度低的色彩则给人沉稳、厚重之感。另外，明度差比较小的色彩互相搭配，可以塑造出优雅、稳定的室内氛围，让人感觉舒适、温馨；反之，明度差异较大的色彩互相搭配，会产生明快而富有活力的视觉效果。

► 大面积高明度黄色带有热烈气息，与明度略低的蓝色搭配，塑造出强烈的明度差，极具视觉冲击力

► 比重较大的低明度黑色塑造出沉稳、大气的空间环境，搭配明度同样较低的浅灰色，配色具有丰富层次的同时，也不会打破稳定感

三、纯度

纯度指色彩的鲜艳程度，也叫饱和度、彩度或鲜度。原色的纯度最高，无彩色纯度最低，高纯度的色彩无论加入白色还是黑色，纯度都会降低。

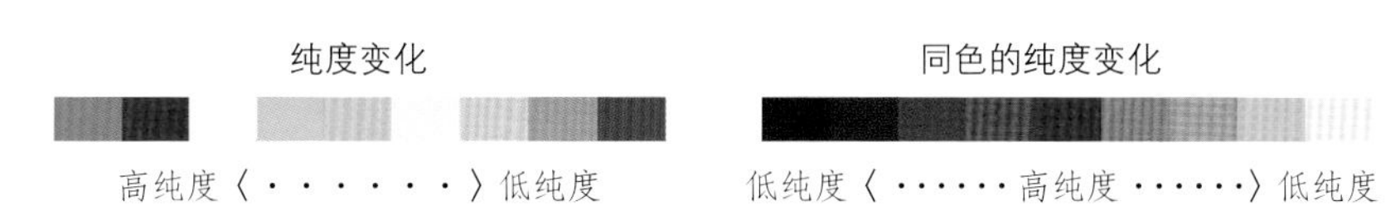

在空间配色设计时，纯度高的色彩给人鲜艳、活泼之感，纯度低的色彩有素雅、宁静之感。几种色调进行组合，纯度差异大的组合方式可以达到艳丽的效果；如果纯度差异小，则空间配色显得稳定、平实。

◀ 纯度高的红色和蓝色为主色的空间给人光鲜、靓丽、有活的感觉

◀ 纯度低的蓝色和棕色为主色的空间显得复古而典雅，稳定性较高

第三节

色彩的四个角色

一、背景色

在同一空间中，家具的颜色不变，更换背景色，就能改变空间的整体色彩感觉。背景色由于具有绝对的面积优势，在一定程度上起着支配整体空间的效果。在顶面、墙面、地面等所有的背景色界面中，因为墙面占据人的水平视线部分，往往是最引人注意的地方。因此，改变墙面色彩是改变色彩感觉最为直接的方式。

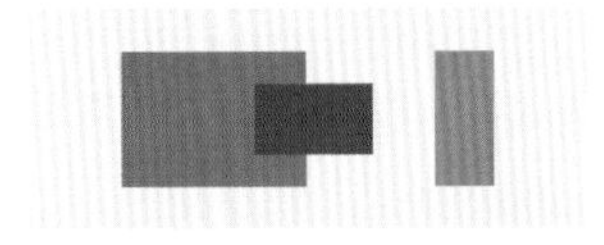
淡雅的背景色给人柔和、舒适的感觉

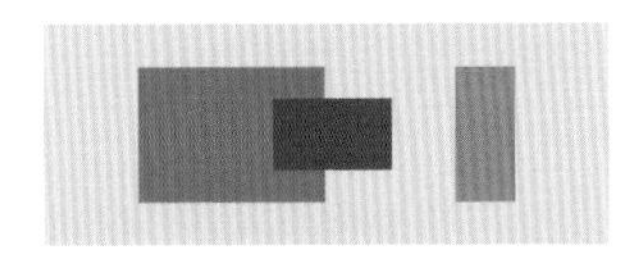
艳丽的纯色背景给人热烈的感觉

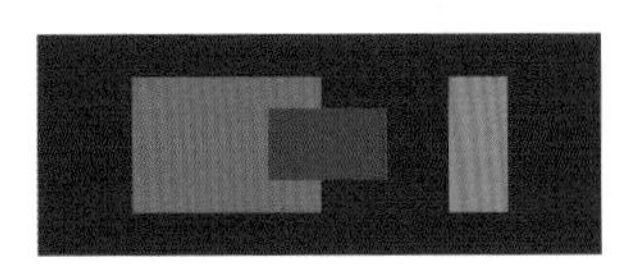
深暗的背景色给人华丽、浓郁的感觉

▲ 同一组物体不同背景色的区别

背景色中墙面占据人们视线的中心位置，往往最引人注目。墙面采用柔和、舒缓的色彩，搭配白色的顶面及沉稳一些的地面，最容易形成协调的背景色，易被大多数人接受；与柔和的背景色氛围相反的，墙面采用高纯度的色彩为主色，会使空间氛围显得浓烈、动感，很适合追求个性的年轻业主。需要注意顶面、地面的色彩需要舒缓一些，这样整体效果会更舒适。

► 家具、装饰色彩不变，背景色为浊色调蓝色的空间显得冷静、典雅；背景色为浅黄色的空间具有温馨、柔和的特质

二、主角色

不同空间的主角有所不同，因此主角色也不是绝对的，但主角色通常是功能空间中的视觉中心。例如，客厅中的主角色是沙发，餐厅中的主角色可以是餐桌也可以是餐椅，而卧室中的主角色绝对是床。另外，在没有家具和陈设大厅或走廊，墙面色彩则是空间的主角色。

▲ 客厅中沙发占据视觉中心和中等面积，因此沙发的颜色是多数客厅空间的主角色

▲卧室中，床是绝对的主角，具有无可替代的中心位置

▲ 餐桌和餐椅占据了绝对突出的位置，即餐桌和餐椅的颜色是开放式餐厅中的主角色

▲ 玄关中没有引人注目的家具，因此墙面和柜体的色彩成为主角色

主角色选择通常有两种方式，想要产生鲜明、生动的效果，可以选择与背景色或配角色呈对比的色彩；要整体协调、稳重，则可以选择与背景色、配角色相近的同相色或类似色。

◀ 沙发黄色，单人座椅蓝色，为对比配色，空间印象具有活力

◀ 沙发绿色，单人座椅蓝色，为相近配色，空间印象平和稳定

小贴士

空间配色可以从主角色开始

一个空间的配色通常从主要位置的主角色开始进行，例如选定客厅的沙发为红色，然后根据风格进行墙面即背景色的确立，再继续搭配配角色和点缀色，这种方式可以突出主体，不易产生混乱感，操作起来也比较简单。

三、配角色

配角色是为了更好地映衬主角色，通常可以让空间显得更为生动，并增添活力。两种角色搭配在一起，构成空间的“基本色”。

配角色通常与主角色存在一些差异，以凸显主角色。配角色与主角色形成对比，则主角色更加鲜明、突出；配角色若与主角色临近，则会显得松弛。

▲ 配角色与主角色相近，整体配色虽显得有些松弛，但给人干净简约的感觉

◀ 配角色与主角色存在明显的明度差，主角色更显鲜明、突出

四、点缀色

点缀色通常是一个空间中的点睛之笔，用来打破配色的单调感。对于点缀色来说，背景色就是它所依靠的主体。例如，沙发靠垫的背景色就是沙发的颜色，装饰画的背景色就是墙面的颜色。因此，点缀色的背景色可以是整个空间的背景色，也可以是主角色或者配角色。

在进行色彩选择时通常选择与所依靠的主体具有对比感的色彩，来塑造生动的视觉效果。若主体氛围较为活跃，为追求稳定感，点缀色也可与主体颜色相近。

▲ 主沙发色彩为低纯度的蓝色，抱枕利用同色系的蓝色做点缀，增添空间的稳定感觉

▲ 沙发色彩为低明度黄色，抱枕色彩采用高明度白色做点缀，配色层次丰富

第二章
配色原则

在进行空间配色之前，除了了解色彩的基础属性以外，还需要熟知配色的方式与原则，例如，色相型与色调型的配色方式，运用色彩组合变化进行配色调和等，这样才能打造出令人感觉舒适的空间环境。

第一节
色相型配色

一、同相型

同相型配色指采用同一色相中不同纯度、明度的色彩进行搭配设计。这种搭配方式比较保守，具有执着感，能够形成稳重、平静的效果，相对而言也比较单调。

同相型配色虽然没有形成颜色的层次，但形成了明暗的层次。因此，不同的色相也会对空间产生不同印象，如暖色使人感觉温暖，冷色使人感觉平静等。

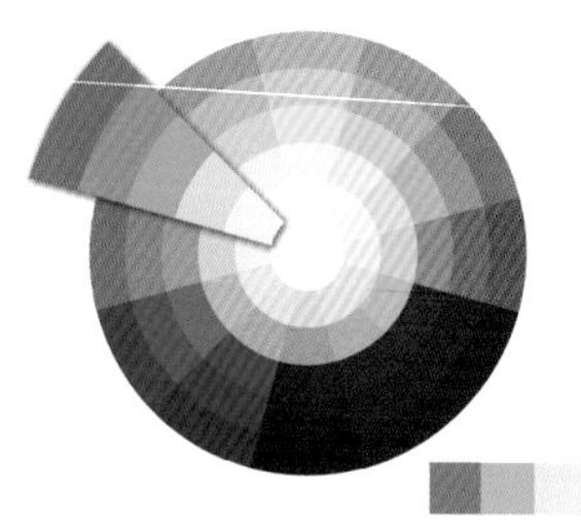

◀ 卧室背景墙和床品分别运用不同明度的蓝色进行搭配，在丰富配色层次的同时，也保持了空间所具有的沉稳感

二、近似型

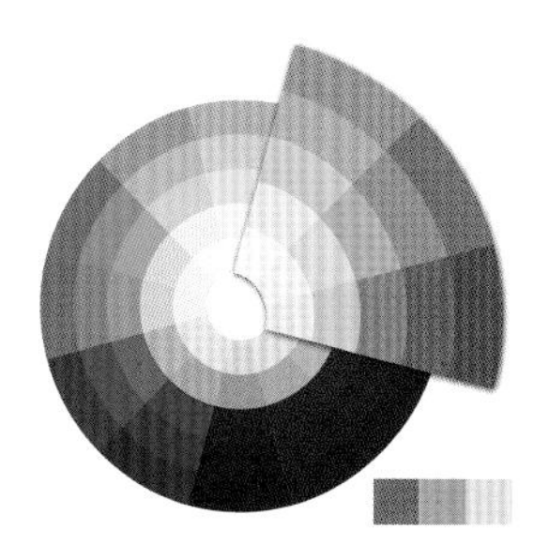

近似型配色指用色相环上相邻的色彩搭配进行设计，即成 60° 范围内的色相都属于近似型。这种配色关系比同相型配色的色相幅度有所扩大，仍具有稳定、内敛的效果，但会显得更加开放一些。此种色相型配色适合喜欢稳定中带有一些变化的人群，不会太活泼但也有层次感。

▲ 餐厅软装和背景墙的配色为 4 分差距的同相型配色，显得稳定、冷静

小贴士

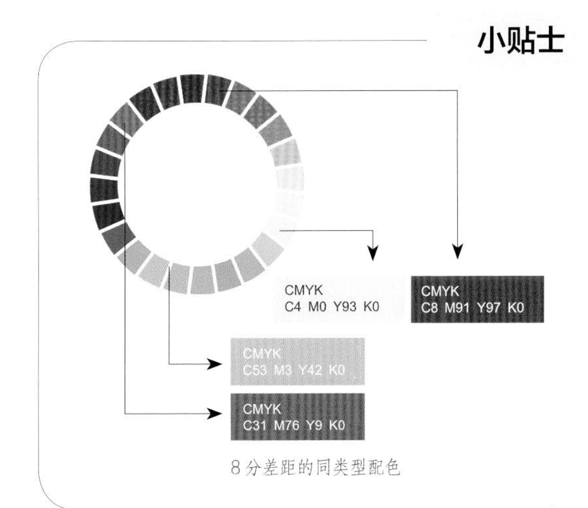

8 分差距的同类型配色

同类型配色的扩展

在 24 色色相环上，一般 4 分左右的色彩为同类型配色的标准，但如果在色相环内同为冷暖色范围，8 分差距也可归为同类型配色。

三、对比型

对比型是指在色相环上位于 180° 相对位置上的色相组合，如红、绿，黄、紫、橙、蓝。由于色相差大，视觉冲击力强，可给人深刻的印象，也可以营造出活泼、华丽的氛围。在空间设计时，如果把两种对比型颜色的纯度都设置得高一些，则搭配效果惊人，两种颜色会被对方完美地衬托出特征，展现出充满刺激性的艳丽色彩。另外，想要降低对比型带来的视觉冲击感，可适当降低两种色彩的纯度。

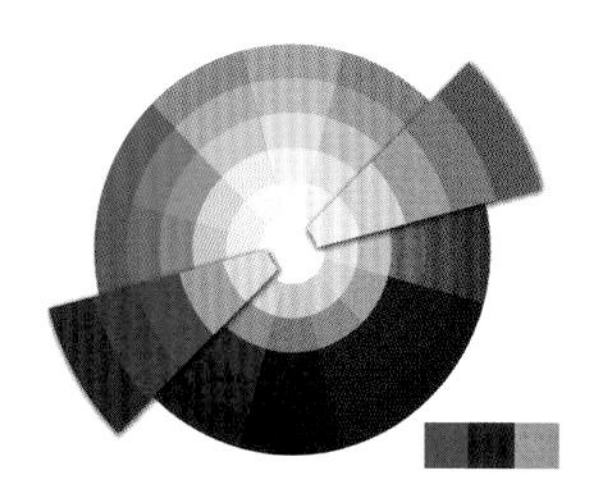

◀ 用纯度较高的红色与低明度的绿色进行搭配，具有张力的同时，也不乏平衡感

▲ 橙色和蓝色进行搭配，具有艺术化特征

四、互补型

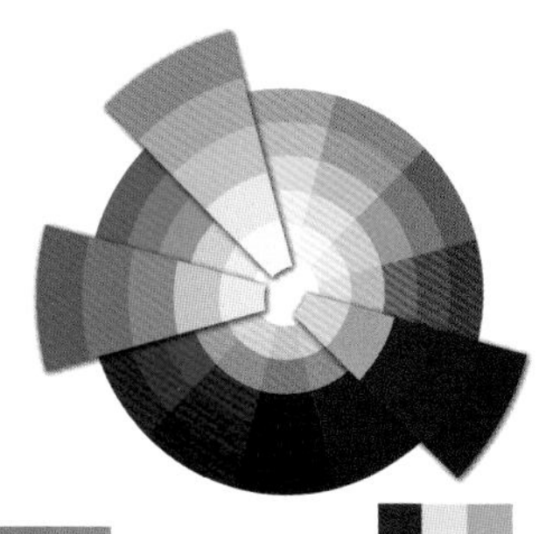

互补型配色是指在色相冷暖相反的情况下，将一个色相作为基色，与 120° 左右位置的色相所组成的配色关系。此种配色形成的氛围与对比型配色类似，但冲突性、对比感、张力降低。在空间配色中，如果要寻求少量色彩的强烈冲击感，可以尝试使用互补型配色来营造。

▲ 用浊色调的粉色和蓝色进行搭配，相对比红色与绿色的对比型搭配，刺激感会有所削弱，缓和感会增加

五、三角型

三角型配色指采用色相环上位于正三角形（等边三角形）位置上的三种色彩搭配的设计方式。三角型配色最具平衡感，具有舒畅、锐利又亲切的效果。最具代表性的是三原色组合，具有强烈的动感，三间色的组合效果则温和一些。

在进行三角型配色时，可以尝试选取一种色彩作为纯色使用，另外两种做明度或纯度上的变化，这样的组合既能够降低配色的刺激感，又能够丰富配色的层次。如果是比较激烈的纯色组合，最适合的方式是作为点缀色使用，大面积使用比较适合追求前卫、个性的人群，并不适合大众。

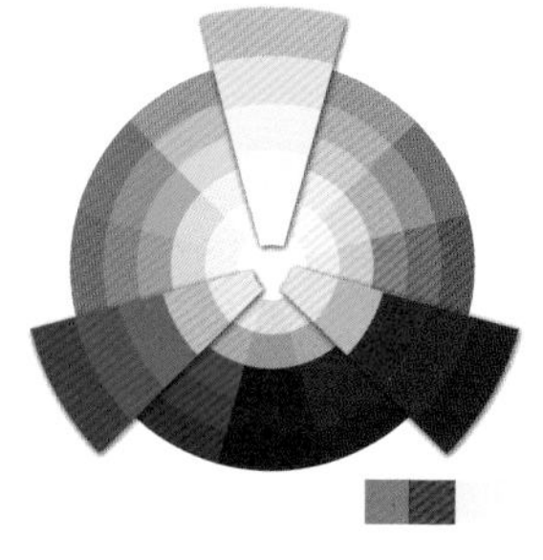

三原色

◀ 纯度较高的三原色搭配，空间配色印象鲜亮而有活力

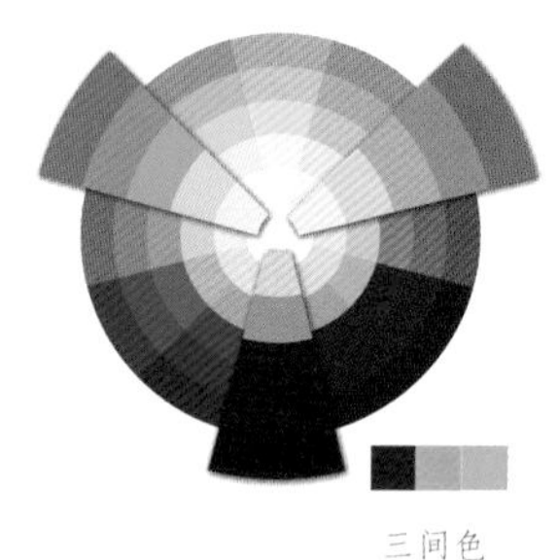

三间色

◀ 降低了纯度的三原色搭配，配色印象素雅而平和

六、四角型

四角型配色指将两组对比型或互补型搭配的配色方式，用更直白的公式表示可以理解为：对比型 / 互补型 + 对比型 / 互补型 = 四角型。

四角型配色能够形成极具吸引力的效果，暖色的扩展感与冷色的后退感都表现得更加明显，冲突也更激烈，使人感觉舒适的做法是小范围地将四种颜色用在软装饰上，例如沙发靠垫。如果大面积地使用四种颜色，建议在面积上分清主次，并降低一些色彩的纯度或明度，减弱对比的尖锐性。

▲ 四角型配色令空间显得活泼、生动，为了避免配色过于刺激，可用无色系进行调和

七、全相型

全相型配色是所有配色方式中最开放、华丽的一种配色方式，使用的色彩越多，就越自由、喜庆，并具有节日气氛，通常使用的色彩数量有五种就会被认为是全相型。活泼但不会显得过于激烈地使用五色全相型，最适合的办法是用在小装饰上。

没有任何偏颇地选取色相环上的六种色相组成的配色就是六色全相型，是色相数量最全面的一种配色方式，包括两种暖色、两种冷色和两种中性色，比五色更活泼一些。选择一件本身就是六色全相型的家具或布艺，是最不容易让人感觉混乱的设计方式。

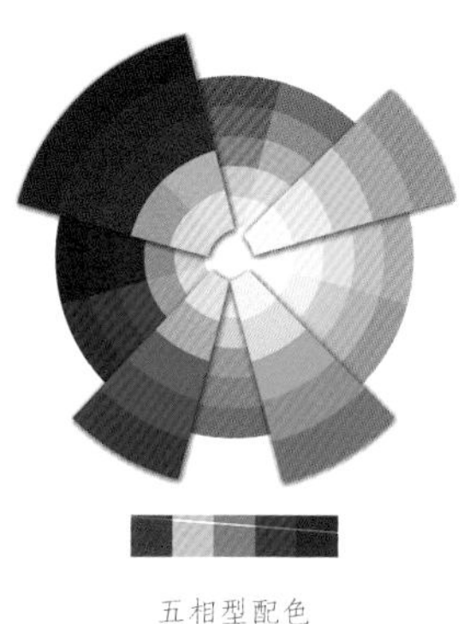

五相型配色

◀ 五种色相组合的全相型配色，渲染出活泼、喜庆的节日氛围

◀ 空间中的软装运用了五相型配色，极具活力，同时用大面积白色进行搭配，令空间同时具有了通透感

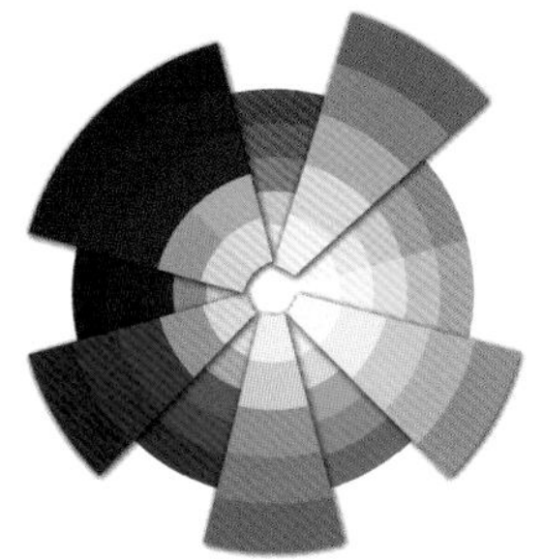

六相型配色

► 空间配色虽然为六相型，但由于色彩多为浊色，因此客厅整体色彩不会显得过于激烈

▼ 六色相全相型配色将色彩自由组合，令配色更加灵活抢眼

第二节
色调型配色

一、纯色调

纯色调是没有加入黑色、白色、灰色进行调和的最纯粹的色调，纯色调最鲜艳。由于没有混杂其他颜色，给人活泼、健康、积极的印象，具有强烈的视觉吸引力，比较刺激，通常小面积用于软装布艺中。背景色也可小面积运用不同的纯色调。

► 纯色调红色的点缀，虽然面积较小，但非常具有视觉冲击力

二、明色调

纯色调中加入少量白色形成的色调为明色调，鲜艳度比纯色调有所降低，但完全不含灰色和黑色，所以显得更通透、纯净，给人以明朗、舒畅的感觉。明色调软装可大面积用于软装家具和布艺中，搭配同色调的背景更佳。

►儿童房使用明色调的黄色与白色的设计，显得温馨又活泼

三、淡色调

纯色调中加入大量白色形成的色调为淡色调，纯色的鲜艳度被大幅度降低，活力、健康的感觉变弱，由于没有加入黑色和灰色，显得甜美、柔和而轻灵。特别适合用在居住空间的布艺软装中，搭配木地板，令空间呈现温馨、安逸的视觉效果。

►淡色调的沙发背景墙设计使空间看起来更加柔和闲适

四、强色调

在纯色中加入一点黑色调和形成的色调即为强色调，是由健康的纯色和厚实的黑色组合而成的，表现出很强的力量感和豪华感，但比纯色多了一丝内敛感。可搭配浅色调的软装相互衬托。

►强色调的蓝色背景墙，表现出内敛的力量感和冷静感

五、淡浊色调

在纯色中加入大量的高明度灰色，形成的色调即为淡浊色调。此种色调的感觉与淡色调接近，但比起淡色调的纯净感，由于加入了一点灰色，显得更加优雅、高级一些。

►淡浊色调的粉色没有过分甜腻的感觉，更多了优雅、高级的味道

六、浊色调

用纯色混入中明度的灰色，形成的色调就是浊色调。将纯色的活泼与中灰色的稳健融合，能够表现出兼具两者的特点，使空间具有素净的活力感，很适合表现自然、轻松氛围的软装。

►浊色调蓝色的丝绒沙发体现出稳定、自然的奢华感

七、深暗色调

纯色与很多的黑色调和后就会形成深暗色调，此类色调是除了黑色外，明度最低的类型，具有黑色的一些特点，强有力并显严肃。深暗色调比较适合面积较大、光线明亮的空间使用，否则易产生压抑感。

►深暗色调的绿色背景色给卧室带来沉稳而复古的氛围

八、暗色调

在纯色中加入多一些的黑色就会形成暗色调，它是健康的纯色与具有力量感的黑色结合形成的，所以具有威严、厚重的效果，特别是暖色系，具有浓郁的传统韵味，非常适合古典软装风格的家居空间。

▲红色暗暖色背景色与深棕色搭配，使空间充满古典的韵味

九、多色调组合配色

在家居空间中，即使运用多个色相进行色彩设计，但若色调一样也会令人感觉单调，单一色调极大限制了配色的丰富性。在进行配色时，空间中的色调通常都不少于三种，背景色一般会采用两三种色调，主角色为一种色调，配角色的色调可与主角色相同，也可做区分，点缀色则通常是鲜艳的纯色调或明色调，这样构成的色彩组合会十分自然、丰富。

❶ 两种色调搭配

此种色彩搭配可以发挥出两种色调各自的优势，而消除掉彼此的缺点，使室内配色显得更加和谐。

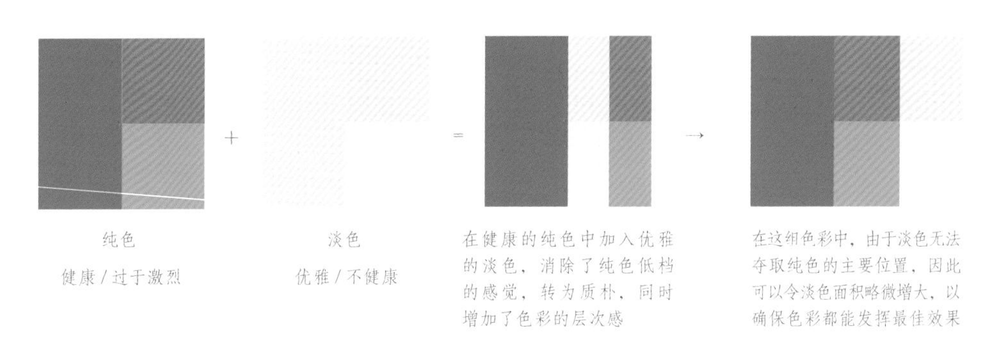

▲ 卧室运用了大量的蓝色，但在色调上进行区分，以浊色调为主，配色层次更加丰富

② 三种色调搭配

这种色彩搭配方法可以表现出更加微妙和复杂的感觉，令空间的色彩搭配具有多样的层次感。

暗色
浓烈 / 有力量

+

淡浊色
柔和，稳重 / 软弱

+

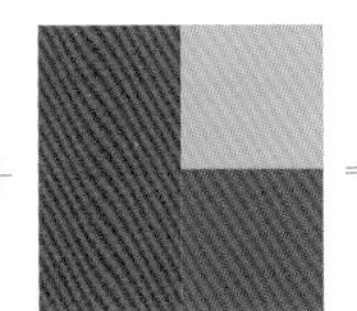

明色
健康，明快 / 单调

=

集合各色调的优点，既稳重又颇具个性

→

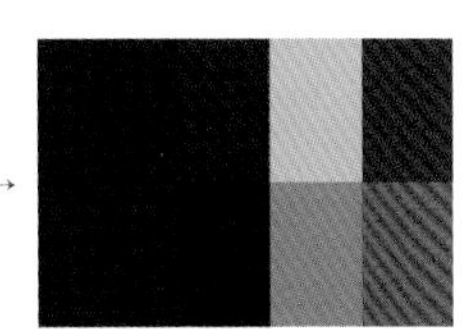

多色调可以含有各种各样的层次感，设计者的主动权很大

▲ 卧室的配色设计以浊色调粉色、明色调蓝色和暗浊色调绿色搭配，平和而优雅

第三节
色彩的调和

一、面积调和

面积调和与色彩三属性无关，而是通过将色彩面积增大或减少，来达到调和的目的，使空间配色更加美观、协调。在具体设计时，色彩面积比例尽量避免 1：1 对立，最好保持在 5：3~3：1。如果是三种颜色，可以采用 5：3：2 的方式。但这不是一个硬性规定，需要根据具体对象来调整空间色彩分配。

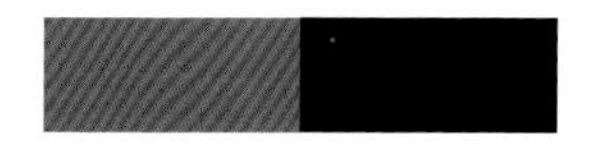

1：1 的面积配色稳定，但缺乏变化

降低黑色的面积，配色效果具有了动感

加入灰色来调和，配色更加具有层次感

二、重复调和

在进行空间色彩设计时，若一种色彩仅小面积出现，与空间其他色彩没有呼应，则空间配色会缺乏整体感。这时不妨将这种色彩分布到空间中的其他位置，如家具、布艺等，形成共鸣重合的效果，进而促进整体空间的融合感。

鲜艳的蓝色作为主角色单独出现，是配色的主角，虽然突出，但显得孤立，缺乏整体感

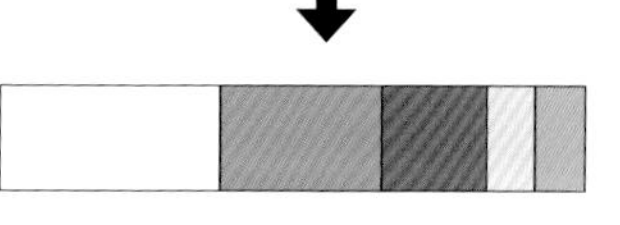

在点缀色中增加了不同明度的蓝色作为主角色蓝色的呼应，既保留了主角色的突出地位，又增加了整体的融合感

▲低明度绿色靠枕与窗帘色彩呼应，使空间更有融合感

三、秩序调和

秩序调和可以是通过改变同一色相的色调形成的渐变色组合，也可以是一种色彩到另一种色彩的渐变，例如红渐变到蓝，中间经过黄色、绿色等。这种色彩调和方式，可以使原本对比强烈、刺激的色彩关系变得和谐而有秩序。

同一色相的渐变

从一种色彩到另一种色彩的渐变

四、同一调和

同一调和包括同色相调和、同明度调和，以及同纯度调和。其中，同色相调和即在色相环中 60° 之内的色彩调和，由于其色相差别不大，因此非常协调。同明度调和是使被选定的色彩各色明度相同，便可达到含蓄、丰富和高雅的色彩调和效果。同纯度调和是被选定色彩的各饱和度相同，基调一致，容易达成统一的配色印象。

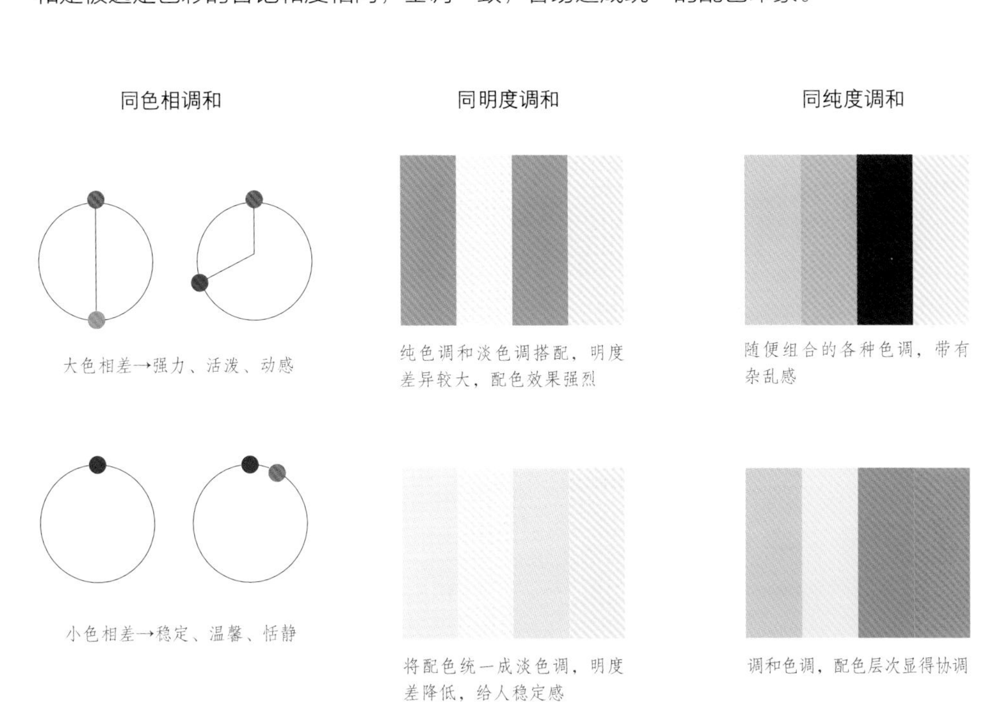

同色相调和

大色相差→强力、活泼、动感

小色相差→稳定、温馨、恬静

同明度调和

纯色调和淡色调搭配，明度差异较大，配色效果强烈

将配色统一成淡色调，明度差降低，给人稳定感

同纯度调和

随便组合的各种色调，带有杂乱感

调和色调，配色层次显得协调

五、互混调和

在空间设计时，往往会出现两种色彩不能进行很好融合的现象，这时可以尝试运用互混调和。即将两种色彩混合在一起，形成第三种色彩，变化出来的色彩同时包含了前两种颜色的特性，可以有效连接两种色彩。这种色彩适合作为辅助色和铺垫。

将蓝色和红色互混得到玫红色，融合了蓝色的纯净以及红色的热情，丰富了配色层次，同时弱化了蓝色和红色的强烈对立感

六、群化调和

群化调和指的是将相邻色面进行共通化，即将色相、明度、色调等赋予共通性。具体操作时可将色彩三属性中的一部分进行靠拢而得到统一感。在配色设计时，只要群化一个群组，就会与其他色面形成对比；另一方面，同组内的色彩因统一而产生融合。群化调和强调与融合同时发生，相互共存，形成独特的平衡，使配色兼具丰富感与协调感。

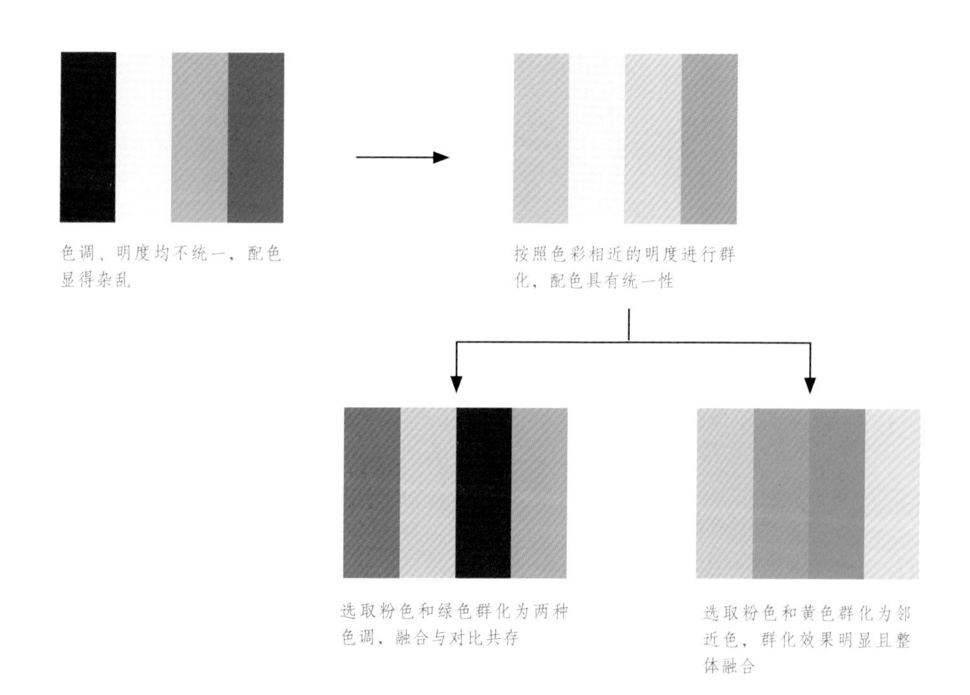

色调、明度均不统一，配色显得杂乱

按照色彩相近的明度进行群化，配色具有统一性

选取粉色和绿色群化为两种色调，融合与对比共存

选取粉色和黄色群化为邻近色，群化效果明显且整体融合

第三章

色彩的情感与意象

色彩经过人的思维，会与以往的记忆及经验产生联想，从而形成一系列色彩心理反应，产生色彩情感与色彩意象。了解色彩的情感意义与意象，能够有针对性地根据居住者的需求选择适合的家居配色方案。

第一节
色彩情感意义

一、红色

象征意义

红色是三原色之一，和绿色是对比色，补色是青色。红色象征活力、健康、热情、朝气、喜庆、欢乐，使用红色能给人一种迫近感，使人体温升高，引发兴奋、激动的情绪。

搭配原则

大面积使用纯正的红色容易使人产生急躁、不安的情绪。因此在配色时，纯正红色可作为重点色少量使用，会使空间显得富有创意。

使用技巧

将降低明度和纯度的深红、暗红等作为背景色或主色使用，能够使空间具有优雅感和古典感。红色特别适合用于客厅、活动室或儿童房，增加空间的活泼感。

红色代表的
积极意义

活力　健康　热情　朝气
喜庆　力量　欢乐

红色代表的
消极意义

血腥　刺激
不安　急躁

❶ 纯度较高的红色系

鲜艳的红色作为光谱中波长最长的颜色，在空间中显得尤为突出。纯正红色无论单独使用，还是与蓝色、白色、绿色等亮色系结合使用，色彩组合辨识度均极强，能够表现出时尚、靓丽的风格特征。另外，纯正的红色与无色系或褐色结合能够彰显雅致感，通常用于新中式风格中。

▲红色沙发椅与黄色坐凳搭配起来热烈而健康

▲红色与黑色搭配给人以低调的活力感

❷ 暗色调红色系

暗色调红色，尤其是加入大量黑色的红色，相对于纯正的红色，更具有古典韵味，经常用在中式古典风格、美式风格、欧式风格中，但同样适用于现代风格，既可以作为背景墙配色，也可以作为主角色用于布艺沙发的配色之中。为了缓解沉闷气氛，常会搭配蓝色、绿色、金色等作为点缀。

▲暗红色软装的修饰使客厅显得高雅，提升了格调

▲暗红色的加入使整个客厅变得摩登起来

二、粉色

象征意义

粉色具有很多不同的分支和色调，从淡粉色到橙粉色，再到深粉色等，通常给人浪漫、天真、梦幻、甜美的感觉，让人第一时间联想到女性特征。也正是因为这种女性化特征，有时会给人幼稚以及过于柔弱的感觉。

搭配原则

在室内设计时，粉色可以使激动的情绪稳定下来，有助于缓解精神压力，适用于女儿房、新婚房等，一般不会用在男性为主导的空间中，会显得过于甜腻。

使用技巧

粉色常被划分为红色系，但事实上它与红色表达的情感差异较大。例如，粉色优雅，红色大气；粉色柔和，红色有力量；粉色娇媚，红色娇艳。可以说，粉色是少女到成熟女性之间的一种过渡色彩。

粉色代表的
积极意义

优雅　柔和　甜美　梦幻
浪漫　甜蜜　天真　娇媚

粉色代表的
消极意义

柔弱　肤浅
幼稚　甜腻

❶ 明度较高的粉色系

明度较高的粉色具有梦幻、甜美的视觉感受，非常适合作为女儿房的背景色，再搭配其他不同色调的粉色，可以形成丰富的色彩层次。另外，明度较高的粉色与浅蓝色、淡绿色、浅白色等组合，可以轻易体现出柔和、纯洁的格调，是法式风格、田园风格，以及单身女性空间经常用到的配色组合。

▲ 粉色与白色的组合带有纯洁、可爱的味道

▲ 米白色与粉色的组合，使空间既不会显得过于梦幻，也不至于过于沉闷

❷ 浊色调粉色系

浊色调粉色是指加入了灰色的粉色，其中较受欢迎的为淡山茱萸粉，相对明度较高的粉色，更加具有优雅、高级的品质感，经常出现在北欧风格、简欧风格的空间配色中，可以大面积使用。

◄ 浊色调粉色与白色组合搭配，更有成熟的单纯感

▼ 利用浊色调粉色平衡无彩色的单调感，使空间氛围变得柔和而温婉

❸ 玫粉色

玫粉色是一种介于红色和粉色之间的色彩，即红色与白色大致为 4：1 的调和色彩，具有耀眼、明快的特征。玫粉色不仅可以表达女性的柔美，同样具有活力，适合性格较为开朗的女性的空间使用；同时也十分适合法式风格、现代风格的家居配色。

▲ 玫粉色与白色的经典搭配，更显靓丽、活跃

◀ 玫粉色与浅粉色、米灰色的组合，柔和之中带着精美、浪漫的感觉

❷ 浅淡的橙色系

浅淡的橙色系能产生活力、诱人食欲，同时大面积运用在卧室、餐厅中也不会让人过于兴奋，从而影响人的情绪。浅淡的橙色系搭配同种色调的浅粉色、浅木色则令橙色不显刺激，反而能凸显出青春活力感。适量地点缀深蓝色能冲淡空间的甜腻之感，非常适合在餐厅、卧室中使用。

▶ 浅淡的橙色与白色、木色组合，亮眼而又充满活力

▲ 淡橙色作为点缀，没有过多的刺激感和甜腻感，反而显得温馨、柔和

③ 浊色调橙色系

浊色调橙色虽然带有橙色系活跃、明亮的特点，由于纯度因素，有一定程度的减弱，视觉上更加接近于褐色。但这一点也不影响它明媚的基调，大面积使用它，反而会有古典而优雅的感觉。

▶ 经典的白色与米色搭配，塑造出干净而优雅的基调，古典而浪漫的橙赭色的加入，使整个空间既有宫廷的优雅，又具有现代的情调

▲ 较低明度与纯度的橙色，不会带来过于刺激的观感，反而使空间散发着沉稳优雅的基调

四、黄色

象征意义

黄色是三原色之一，能够给人轻快、希望、活力的感觉，让人联想到太阳；在中国的传统文化中，黄色是华丽、权贵的颜色，象征着帝王。

搭配原则

黄色具有促进食欲和刺激灵感的作用，非常适用于餐厅和书房中。因为其纯度较高，也同样适用采光不佳的房间。但鲜艳的黄色过大面积使用时，容易产生苦闷、压抑的感觉。

使用技巧

黄色的包容度较高，与任何颜色组合都是不错的选择。例如，黄色作为暗色调的配色可以取得具有张力的效果，能够使暗色更为醒目。

黄色代表的
积极意义

阳光　轻松　热闹　开放
欢乐　权贵　醒目　希望

黄色代表的
消极意义

稚嫩　喧闹　脆弱

❶ 亮黄色系

亮黄色系与无彩色结合是一组辨识性很强的颜色，容易打造出强烈的视觉效果，通常运用在简约风格、北欧风格或新中式风格中。与蓝色、白色组合，则可以呈现出浓浓的地中海味道。另外，亮黄色是一种非常敏感的颜色，与之相搭配的颜色稍有变化就会令整个色彩组合呈现不同的色彩气氛。

► 黄色和木色的组合，容易营造出温馨活泼的氛围

▲ 明黄色的墙面使简约的空间看起来更有精神

❷ 浊色调黄色系

如果觉得亮黄色系过于耀目，可以用加入黑色或灰色的浊色调黄色进行家居配色，同样可以形成醒目且具有张力的配色印象。其中，浊色调黄色与黑色搭配最具视觉冲击力，可以营造出考究的家居氛围。

▲ 浊色调的黄色降低了醒目感，增加了稳重感

▲ 浊色调黄色更有淳朴自然感，能很好地迎合乡村风格的需要

▲ 浊色调黄色的加入，使白色客厅变得更有张力，但又不会过于刺激

❸ 金黄色系

在家居环境中，金黄色系往往表现在家居材质上，如金色的灯具、工艺品、小型家具等，可以营造出低调、奢华的室内环境。在家居配色时，当金色与灰蓝色、红色、黑色组合在一起，装饰效果非常明显。

► 金属色家具给人带来精致、时尚的感觉

▲ 金色与白色的组合营造出优雅奢华的氛围

五、绿色

象征意义

绿色是介于黄色与蓝色之间的复合色，是大自然界中常见的颜色。绿色属于中性色，加入黄色多则偏暖，体现出娇嫩、年轻、柔和的感觉；加入青色多则偏冷，带有冷静感。

搭配原则

在家居配色时，一般来说绿色没有使用禁忌，但若不喜欢空间色调过冷，应尽量少和蓝色搭配使用。

使用技巧

大面积使用绿色时，可以采用一些具有对比色或补色的点缀品，来丰富空间的层次感。如绿色和相邻色彩组合，给人稳重的感觉；和补色组合，则会令空间氛围变得有生气。

绿色代表的
积极意义

自然　生机　安全　新鲜
和平　舒适　希望　轻松

绿色代表的
消极意义

土气　乡土　轻飘

❶ 纯度较高的绿色系

纯度较高的绿色系可以充分彰显出生机，令人联想到森林、草原等大自然风景，因此非常适合田园家居的配色，被广泛运用在墙面、布艺之中。另外，由于绿色所具有的情感意义，如希望、生机等，在儿童房中也十分适用，可以促进儿童的大脑发育，同时也能起到保护视力的作用。

▶ 以纯度较高的绿色作为背景色，能够营造出自然的感觉

▶ 高纯度绿色与白色搭配，显得干净、明亮

❷ 明度较高的绿色系

明度较高的绿色相对来说显得更加柔和、鲜嫩。在家居设计时，多用于墙面作为背景色，在体现生机感的同时，可以令家居环境更显通透、明亮。这种绿色若与红色系、棕色系组合运用，可以令空间的田园气息更加浓郁。

▶ 高明度绿色的加入增加了自然感

▲ 白色与高明度绿色组合，纯净氛围中又带有清新感

❸ 深暗绿色系

偏深暗的绿色系，常见的色相有祖母绿、孔雀绿等，这一类型的绿色少了生机感，多了复古韵味，常被用于简欧风格的居室中，体现出高级的品质，也同样适用于高雅的女性空间。

▶ 深暗绿色作为背景色，可以为空间奠定优雅、复古的基调

▶ 深暗绿色和棕色组合，充满大自然之力

▶ 暗绿色与白色组合，降低了视觉冲击力，增加了层次感

六、蓝色

象征意义

蓝色是三原色之一，对比色是橙色，互补色是黄色。蓝色为冷色，是和理智、成熟有关系的颜色，在某个层面上，是属于成年人的色彩。但由于蓝色还包含了天空、海洋等，同样是带有浪漫、甜美的色彩，在设计时可以跨越各个年龄层。

搭配原则

在空间配色中，蓝色适合用在卧室、书房、工作间，能够使人的情绪迅速地镇定下来。在配色时可以搭配一些跳跃色彩，避免产生过于冷清的氛围。蓝色是后退色，能够使房间显得更为宽敞，在小房间和狭窄房间使用时能够弱化户型的缺陷。

使用技巧

蓝色在儿童房的设计中，多数是用其具象色彩，如大海、天空的蓝色，给人开阔感和清凉感。而在成年人的居室设计中，多数则采用其抽象概念，如商务、公平和科技感。

绿色代表的
积极意义

理智　清爽　知性　公平
博大　严谨　商务　高科技

绿色代表的
消极意义

寂寞　孤独　无趣
忧伤　忧郁　严酷

❶ 纯度较高的蓝色系

纯度较高的蓝色系类似晴朗天空的颜色，可以彰显清爽、清透的空间氛围。这种色彩和无色系中白色、灰色搭配，可以令自身特色发挥到极致，令观者的心情感到十分放松。如果再加入绿色、浅木色做点缀，则能令空间具有自然的活力。这样的色彩组合比较适合崇尚自由的地中海风格、田园风格、北欧风格，以及学龄前男孩儿房间中。

▶ 高纯度蓝色与白色、棕色组合，形成爽快、自然的氛围

❷ 明度较高的蓝色系

明度较高的蓝色系更具女性化气息，可以体现出唯美、清丽的色彩印象。尤其和带有女性化的色彩搭配，如红色、粉色、果绿色、柠檬黄等，可以塑造出或雅致、或靓丽的空间环境。这样的色彩同样适合现代法式风格和北欧风格的家居配色。

▶ 明度较高的蓝色餐桌椅与米灰色背景色形成淡雅、清净的氛围

③ 浊色调蓝色系

加入不同分量的灰色形成的浊色调蓝色，更具品质感，无论用于墙面，还是主体家具，均能为空间塑造出雅致、闲逸的格调。如果这种蓝色调和品红色搭配，则具有了时尚、摩登的情怀，是都市时髦女性卧室的绝佳配色。

▲ 微浊调蓝色与白色形成明与暗的对比，充满了爽朗感

◀ 浊色调蓝色充满着淡雅、精致的品质感

❹ 深暗蓝色系

多数情况下蓝色所具有的是一种冷静而理智的美丽，如果在纯色调的蓝色中加入黑色，形成深暗色调的蓝色，则具有了高贵、轻奢的视觉感受。将深暗色调的蓝色与米灰色、白色组合，再点缀少量金色，将宽广、厚重与时尚相融合、叠加，能够让蓝色焕发出新的生命力，使人感受到雅致而高贵的气质。

▲ 深暗色调的蓝色背景墙与同色系不同纯度的蓝色搭配，具有统一稳定的复古美感

▲ 深暗色调的蓝色与白色组合，能使人感受到雅致而简朴的气质

七、紫色

象征意义

紫色由温暖的红色和冷静的蓝色调和而成，是极佳的刺激色。在中国传统文化里，紫色是尊贵的颜色，如北京故宫又被称为“紫禁城”。

搭配原则

在室内设计中，深暗色调的紫色不太适合体现欢乐氛围的居室，如儿童房。另外，男性空间也应避免艳色调、明色调和柔色调的紫色。而纯度和明度较高的紫色则非常适合法式风格、简欧风格等凸显女性气质的空间。

使用技巧

紫色所具备的情感意义非常广泛，是一种幻想色，既优雅又温柔，既庄重又华丽，是成熟女性的象征，但同时代表了一种不切实际的距离感。此外，紫色根据不同的色值，分别具备浪漫而神秘等特质。

紫色代表的
积极意义

优雅　别致　高贵　神圣
成熟　神秘　浪漫　端庄

紫色代表的
消极意义

冰冷　距离

❶ 纯度较高的紫色系

纯度较高的紫色带有高雅、奢丽的情感意义，用于家居设计中，给人一种高端的距离感，因此不太适合在小面积居室中大量使用。这类紫色如果与米灰色结合使用，能够加深品质感；若搭配少量红色、绿色，则空间的女性化特征更为明显，带有惊艳的视觉感受。

▲ 高纯度紫色搭配少量绿色，则空间的女性化特征更为明显，带有惊艳的视觉感受

◀ 纯度较高的紫色与蓝色系搭配，冷静但不显得冷硬

② 明度较高的紫色系

明度较高的紫色系给人的距离感降低，显得更加柔和、典雅，常作为带有艺术气质的女性空间配色。这类紫色由于少了高冷气质，因此在女儿房中也被广泛运用，搭配白色、米灰色，可以凸显甜美气息；搭配亮色调的黄色、绿色，则更添活力。

▲ 高明度紫色搭配白色、可以凸显甜美气息

◀ 高明度的紫色软装与米白色背景形成淡雅、浪漫的氛围

③ 微浊色调的紫色系

微浊色调的紫色系即为通常所说的“丁香紫”，在紫色系中饱和度较浅，与其他色调的紫色相比，这种紫色更具时尚气息，可以将女性气质中的优雅、浪漫表现得淋漓尽致。在家居设计时，非常适合与高级灰进行搭配使用。

▲微浊色调的床品搭配白色，令复古优雅的感觉更加强烈

▲微浊色调的紫色充满了令人宽慰的柔和感，可以使人尽情地放松

④ 深暗紫色系

深暗色调的紫色带有神秘、性感、华丽的气质，是一种成熟女性比较偏爱的色彩。在家居色彩搭配时，常用于布艺之中，如果是天鹅绒、锦缎材质，则更能体现出色彩华贵的特质。这类紫色如果和金色搭配，能够塑造出奢华的空间印象，是非常适用于欧式古典风格的配色。

▲深暗紫色和金色搭配，能够塑造出非常奢华的空间印象

八、褐色

象征意义

褐色是由混合少量红色及绿色，橙色及蓝色，或黄色及紫色颜料构成的颜色。褐色常被联想到泥土、自然、简朴，给人可靠、有益健康的感觉。但从反面来说，褐色也会被认为有些沉闷、老气。

搭配原则

在家居配色中，褐色常通过木质材料、仿古砖来体现，沉稳的色调可以为家居环境增添一份宁静、平和，以及亲切感。

使用技巧

由于褐色所具备的情感特征，使其非常适合用来表现乡村风格、欧式古典风格，以及中式古典风格，也适合老人房、书房的配色，并且可以较大面积使用，带来沉稳感觉。

褐色代表的
积极意义

自然　简朴　踏实　可靠
安定　沉静　平和　亲切

褐色代表的
消极意义

沉闷　平庸　保守
单调　老气

❶ 浅褐色系

浅褐色在家居中设计中一般作为木饰面板，以及木地板的色彩出现，可以为家居环境营造出沉静、亲和的视觉效果。浅褐色的包容度较高，与大多色彩都可以进行搭配，如果觉得空间配色过于素淡，可以增加亮色的使用，如纯度较高的绿色、蓝色等作为点缀，就能增加空间的生气。

▲ 浅褐色的餐桌透露着自然朴素的味道

◀ 浅褐色与红色的搭配，带有传统韵味的同时也不失简约感

◀ 浅褐色的卧室搭配上浅灰色，塑造出沉静、朴素的休憩环境

◀ 浅褐色的餐桌透露着自然朴素的味道

❷ 深褐色系

深褐色系相对于浅褐色更沉稳、可靠，运用范围也更加广泛，表现乡村、古典的风格均适用，也同样适合具有异域风情的东南亚风格。和浅褐色一样，深褐色也不太限定搭配色，可以根据设计需要来选择色彩搭配。

▲ 深褐色的背景色能够带来更加沉稳的氛围

▲深褐色与白色搭配也能够带来简约的现代感

▲褐色常用于乡村、欧式古典家居的配色中，也非常适合老人房的家居配色

▲深褐色的卧室给人可靠、成熟的感觉

九、灰色

象征意义

灰色是介于黑和白之间的一系列颜色，可以大致分为浅灰色、中灰色和深灰色。这种色彩虽然不比黑和白纯粹，却也不似黑和白那样单一，具有十分丰富的层次感。

搭配原则

在室内设计中，高明度灰色可以大量使用，大面积纯色可体现出高级感，若搭配明度同样较高的图案，则可以增添空间的灵动感。

使用技巧

灰色用在居室中，能够营造出具有都市感的氛围，需注意的是，虽然灰色适用于大多居室设计，但在儿童房、老人房中应避免大量使用，以免造成空间过于冷硬。

灰色代表的
积极意义

高雅　高级　温和　考究
谦让　中立　科技

灰色代表的
消极意义

保守　压抑　无趣

❶ 浅灰色

浅灰色更趋近于白色，因此具备明亮、洁净的特征，既可以和其他无色系进行搭配，营造出高级感的居室氛围；也可以和靓丽的有彩色结合，塑造出高品质的空间环境。浅灰色在居室中广泛适用于法式风格、简欧风格、北欧风格、现代风格等。

▲ 白色搭配浅灰色，使明亮的空间不仅多了一份人性化也多了一份浪漫

► 浅灰色与深灰蓝色的组合呈现出低调的华丽感

► 浅灰色的背景与木色搭配，显得简单质朴

2 中灰色

中灰色是介于浅灰和深灰之间的色彩，显得更加沉稳，因此更适用于体现男性特征的居室，例如直接展现裸露的水泥墙面，为居室带来工业、现代气息。在材质的搭配上，可以用木质、皮革、布艺来弱化灰色带来的冷硬感。

▲ 中灰色与墨绿色搭配，能够凸显出复古典雅的气质

3 深灰色

深灰色是趋近于黑色的色彩，因此具备黑色的庄重、大气。这种色彩如果大量运用在墙面上，难免会显得沉重、压抑，但若空间中的软装饰品采用其他色相与之搭配，则能有效缓解这一现象。例如，在深灰色空间中，加入浊色调的红色及木色进行调剂，就能营造出一种古雅的空间格调。

▲ 暗橙色点缀使深灰色的空间多了现代感和精致感

◀ 深灰色与黑色组合，形成了稳定而又低调的配色效果

十、白色

象征意义

白色是一种包含光谱中所有颜色光的色彩，通常被认为是“无色”的。白色代表明亮、干净、畅快、朴素、雅致与贞洁，同时白色也具备没有强烈个性、寡淡的特性。

搭配原则

在空间设计时通常需要和其他色彩搭配使用，因为纯白色会带来寒冷、严峻的感觉，也容易使空间显得寂寥。例如，设计时可搭配温和的木色或用鲜艳色彩点缀，可以令空间显得干净、通透，又不失活力。

使用技巧

由于白色的明度较高，可以起到一定程度放大空间的作用，因此比较适合小户型；在以简洁著称的简约风格，以及以干净为特质的北欧风格中会较大面积使用。

白色代表的
积极意义

和平　干净　整洁　纯洁
清雅　通透　畅快　明亮

白色代表的
消极意义

虚无　平淡　无趣

❶ 白色主色 + 无彩色

以白色为主色调，搭配无彩色中的黑色和灰色，可以营造出更多层次的空间环境。例如，白色与黑色搭配，空间印象简洁、利落，又不失高级感；白色与灰色搭配则能创造出高品质、格调雅致的空间氛围。

▲ 白色背景色与浅灰色主角色组合，带来沉稳、内敛的空间效果

◀ 白色为主色，以黑色搭配，干净又能突出空间特点

▲ 整体白色系空间，简洁、明快

❷ 白色主色 + 有彩色

白色为主色搭配有彩色，则能创造出更加丰富多样的空间印象。例如，白色搭配冷色可以营造清爽、干净的空间氛围；白色搭配暖色可以营造通透中不乏暖意的空间氛围；白色搭配多彩色则可以令空间变得具有艺术化特征。

▲ 质朴的木色和白色组合，具有清爽、简单的美感

▲ 白色系空间以金色、湖蓝色做点缀，更显典雅、精致

▲ 橙色壁纸修饰为整体白色系的空间增加活力感

十一、黑色

象征意义

黑色基本上定义为没有任何可见光进入视觉范围，和白色相反；可以给人带来深沉、神秘、寂静、悲哀、压抑的感受。在文化意义层面，黑色是宇宙的底色，代表安宁，亦是一切的归宿。

搭配原则

黑色非常百搭，可以容纳任何色彩，怎样搭配都非常协调。黑色常作为家具或地面主色，形成稳定的空间效果。但若空间的采光不足，则不建议在墙上大面积使用，容易使人感觉沉重、压抑。

使用技巧

黑色在空间中若大面积使用，一般用来营造具有冷峻感或艺术化的空间氛围，如男性空间，或现代时尚风格的居室较为适用。

黑色代表的
积极意义

庄重　力量　重量　高级
深沉　安宁　稳定　夺目

黑色代表的
消极意义

压抑　沉重
沉默　悲哀

❶ 黑色主色 + 无彩色

黑色作为背景色或主角色，占据空间主导地位时，可以塑造出稳定的空间氛围。但其他装饰、家具等色彩最好采用白色、米色、灰色来进行调剂，利用此种色彩明度对比的方式，可以避免大面积黑色带来的压抑感。

▲黑色背景色加入白色与棕色，既不会显得沉闷又能保持稳定感

◀黑色与白色通过简单的组合就能产生理性、现代感

▲ 黑色主色奠定冷酷个性的空间基调，白色的加入降低沉闷感

❷ 黑色主色 + 有彩色

黑色为主色搭配有彩色，能够塑造出具有艺术化氛围的空间环境。但有彩色的色调一般要保持在纯色调、暗浊色调的范围内，才能够形成和谐的配色基调。其中，黑色和暖色系搭配最易造成视觉冲击，令人眼前一亮。

► 黑色与红色的搭配既喜悦活泼又多了几分沉稳

▲ 黑色的空间，以暗色调的绿色和红色点缀，空间配色更有变化性

▲ 金色缓解了黑色的沉闷感，使空间氛围变得精致起来

第二节

色彩配色意象

一、活力

活力型家居配色主要来源于生活中多样的配色，常依靠高纯度的暖色作为主色，搭配白色、冷色或中性色，能够使活力感更强烈。另外，活力感的塑造需要高纯度色调，若有冷色组合，冷色的色调越纯，效果越强烈。

配色禁忌

活力氛围主要依靠明亮的暖色相为主色来营造，冷色系加入做调节可以提升配色的张力。若以冷色系或者暗沉的暖色系为主色，则会失去活力的氛围。

1 配色意象

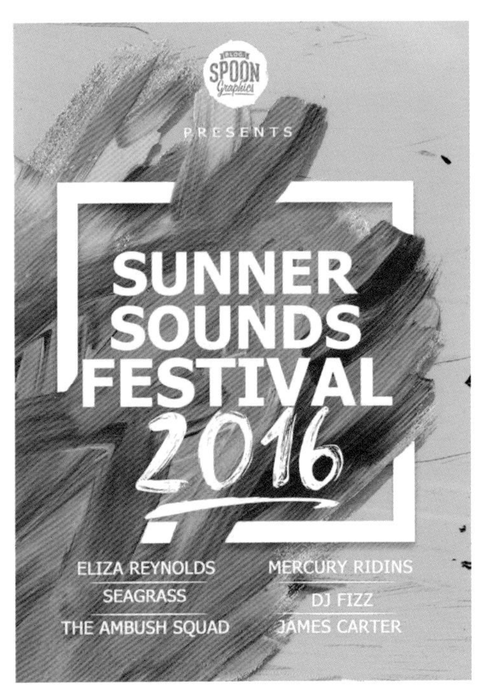

❷ 配色方案

(1) 对比配色

以高纯度的暖色为主角色，并将其用在墙面或家具上，搭配对比或互补的色彩，例如红与绿、红与蓝、黄与蓝、黄与紫等，可以使空间具有活力感。

▲ 蓝色的背景色搭配红色主角色，色相差大，活力感更开放

◀ 黄色与蓝色组合，色调欢快，使空间充满活力

（2）暖色系

用高纯度暖色系中的两种或三种色彩做组合，能够塑造出最具活力感的配色印象。如果用具有活力的橙色作为主角色，搭配白色和少量黄色，则能塑造出明快的色彩印象。

► 明亮黄色的点缀即使面积不大，也能让空间增添不少活力感

▲ 高纯度的黄色背景色搭配白色，干净又明快的卧室氛围呼之欲出

(3)多彩色组合

具有活力感的配色最具代表性的就是全相型配色。通常来说，全相型没有明显的冷暖偏向，若塑造活力的氛围，配色中至少要有三种明度和纯度较高的色彩。

▲ 暖色系为主角色奠定空间活力满满的基调，绿色点缀增添自然清爽之感

◀ 多种暖色系色彩的混合搭配，使卧室的活力效果十分明显

二、温馨

温馨型家居的配色来源主要为阳光、麦田等带有暖度的物品；水果中的橙子、香蕉、樱桃等所具有的色彩，也是温馨家居的配色来源。配色时主要依靠纯色调、明色调、微浊色调的暖色作主色，如黄色系、橙色系、红色系。材质上可以选择棉、麻、木、藤来体现温暖感。

配色禁忌

大面积的冷色调容易使空间失去温暖感；无色系中的黑色、灰色、银色也应尽量减少使用。

❶ 配色意象

❷ 配色方案

（1）黄色系

黄色系是来源于阳光的色彩，用于家居配色中，可以营造出充满温馨感的家居氛围。黄色系尤其适用于餐厅及卧室的配色；如果用作玄关的配色，则令人一进屋就能感受到温暖。柠檬黄和香蕉黄是最经典的配色，如果不喜欢过于明亮的黄色，可以加入少量白色的明色调。

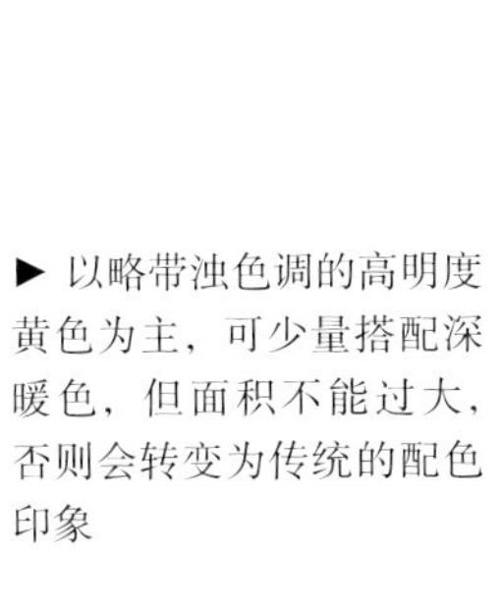

► 以略带浊色调的高明度黄色为主，可少量搭配深暖色，但面积不能过大，否则会转变为传统的配色印象

▲ 以淡雅的黄色及米色为主的配色，具有温馨的印象。黑色点缀色纯度较低，面积较少并不会破坏温馨感

（2）橙色系

橙色系用于温馨型家居，相较于黄色系，会显得更有安全感。其中，较深的橙色系，适用于卧室，可以令睡眠环境更沉稳；较浅的橙色系，适用于玄关，令小空间显得更明亮。如果作为主角色觉得过于强烈，则可以用作居室的配角色和点缀色。

▲ 纯度较低的橙色大面积地使用时，反而没有刺激感，更多是温馨的感觉

▲ 卧室中使用橙色点缀最能突出温馨的基调

（3）木色系

木色系代表着自然与温馨，不论用在居室内的地面、墙面，还是家具中，都可以令空间呈现出柔和、温暖的氛围。同时，木质的纹理也可以令家居氛围充满变化。如果需要大面积使用，则最好采用浅木色，可以更好地体现出空间印象；而深木色则可以作为调剂，丰富空间的层次感。

▲ 柔和的木色与无彩色的组合，可以令空间呈现出质朴而柔和的环境氛围

◀ 多浅木色和白色背景色奠定悠闲舒适的空间氛围，黄色的点缀使温暖的感觉增加

三、自然

自然型家居取色于大自然中的泥土、绿植、花卉等，色彩丰富中不失沉稳。其中以绿色最为常用，其次为栗色、棕色、浅茶色等大地色系。材质则主要为木质、纯棉，可以给人带来温暖的感觉。

配色禁忌

不适合大量运用冷色系及艳丽的暖色系，例如，绿色墙面搭配高纯度的红色或橙色家具，会令家居环境完全失去自然韵味。但是这些亮色可以小范围地运用在饰品上，并不会影响整体家居的氛围。

① 配色意象

❷ 配色方案

（1）绿色系

绿色是最具代表性的自然印象的色彩，能够给人带来希望、欣欣向荣的氛围，若在组合中同时加入白色，显得更为清新，而搭配大地色则更有回归自然的感觉。在面积不大的绿色系空间中融入大量白色和少量黑色，可以使空间显得更加宽敞。

▲ 不同纯度的绿色组合不仅丰富配色层次，还可带来更为清新的自然氛围

◀ 绿色背景色为空间奠定了自然韵味的基调

（2）绿色系 + 黄色系

高明度的绿色系和黄色系都可以表现出生机盎然的色彩效果，十分适用于自然型家居配色。以绿色为主色时，氛围更清新一些，以黄色为主色时，则更显居室的温馨效果。若不想让家居配色过于亮眼，可以在绿色系和黄色系的家居中加入白色和蓝色作为调剂。

▲ 绿色背景加上黄色点缀，展现出质朴而温馨的配色效果

▲ 以绿色和大地色为主，避免大面积冷色和黑色、灰色等无色系的配色方式，具有自然印象

（3）大地色系

大地色系是与泥土最接近的颜色，常用的有棕色、茶色、红褐色、栗色等，将它们按照不同的色调进行组合，再加入一些浅色，作为家居空间的配色能够使人感觉可靠、稳定。采用大地色系内不同明度的变化形成层次感进行调节，可以令空间显得质朴，却不厚重。

◀ 蓝色的点缀让原本质朴自然的空间多了一些清凉感

▼ 大地色系与白色的组合，既不会沉闷也不会单调，反而给人淳朴自然的感觉

（4）绿色系 + 红色 / 粉色点缀

用明浊或微调的绿色作主色，搭配红色或粉色做配角色或点缀色，令家居环境犹如绿叶与花瓣，具有浓郁的自然韵味，这种源于自然的配色非常舒适，并不刺激。绿色和粉红色可以采用低明度的形式组合，在令家居环境显得清新的同时，还具有些许的活泼感。

▲ 以绿色为主色塑造具有悠闲感、轻松感的田园氛围餐厅，加入粉色增添一点浪漫感，同时让绿色的色彩印象更突出

◀ 以绿色和黄色组成的类似型配色为基调，加入了绿色的对决型红色，使客厅在悠然的自然气息中增添了一些活泼和开放感

四、清新

清新型家居的色彩来源于大海和天空，自然界中的绿色也带有一定的清凉感。配色时宜采用淡蓝色或淡绿色为主色，并运用低对比度融合性的配色手法。另外，无论是蓝色还是绿色，单独使用时都建议与白色组合，能够使清新感更强烈。在材质上，轻薄的纱帘十分适用。

配色禁忌

如果暖色占据主要位置，会失去清爽感。暖色调可以作为点缀色使用，如以花卉的形式表现，弱化冷色调空间的冷硬感。

1 配色意象

❷ 配色方案

（1）淡蓝色系

明度接近白色的淡色调蓝色，最能传达出清凉与爽快的清新感。这种配色非常适合小户型或者炎热地带，能够为家居环境带来宽敞、整洁的感觉。

▲ 蓝色与白色搭配是最为经典的清爽气息塑造手法，加入了偏冷调的绿色显得更加爽快，并蕴含了平和、自然的感觉

◀ 蓝色为主的空间透着清爽感，调入些白色和木色除了增添柔和感，更多了一些稳健和雅致，与明亮的蓝色搭配更为融洽

（2）淡绿色系

与淡蓝色系相比，中性色的淡绿色或淡浊绿色，清新中又带有自然感，可以令家居环境显得更加惬意，而不会让人觉得过于冷清。用大量的白色与淡绿色系组合，可以轻易地塑造出清新的感觉。

► 浅淡的绿色与木色组合使空间的清新感变得更加舒适、亲切

▲冷色搭配暖色以及中性色，塑造出了具有重量感、稳定感的清爽空间

（3）蓝色系 + 绿色系

当用蓝色与绿色组合时，可以选择一种色彩为高明度的淡色调，另一种的纯度稍微高一些，这样的配色比同时使用淡色调或明浊色调的搭配方式，层次更丰富一些。

▲浅绿色为背景色使餐厅更加宽敞、明亮，搭配冷色系的色彩，营造出了清新、凉爽的空间印象，暖色的家具增添了舒适感

▲ 高明度的蓝色与绿色组合，不仅不会有过于冷静的感觉，反而更有清新自然的味道

(4)浅灰色系

浅银灰、蓝灰、茶灰及灰蓝色，不仅具有清新感，同时还多了温顺、细腻的感觉。与清透的淡蓝色相比更加倾向于舒适、干练的印象。采用淡色调或明浊色调的灰色，或者选择浅灰色、米灰色等进行配色组合，可以达到极佳的清爽型配色印象。

▲ 以明浊色调的灰色塑造的清爽感，具有透彻、愉悦的氛围，黄色点缀色的存在丰富了层次感

▲ 浅灰色的主角色与明浊色调的背景色融合成清新又不失温和感的空间配色

五、朴素

朴素的色彩印象主要依靠无色系、蓝色、茶色系几种色系的组合来表达，除了白色、黑色，色调以浊色、淡浊色、暗色为主。朴素型的家具线条大多横平竖直，较为简洁，空间少见复杂的造型，材质上多见棉麻制品。

配色禁忌

黑色和棕色的使用需控制面积，黑色和暗色调棕色如果大量使用，很容易使配色印象转变为厚重感，与朴素印象有所区别，可以作为点缀色、辅助色或重点色少量使用，但深棕色可以少量用在地面上。

1 配色意象

❷ 配色方案

（1）无色系

以无彩色系中的黑、白、灰其中的两种或三种组合作为空间中的主要配色，能够塑造出具有素雅感的配色印象。如果在配色时加入少量银色，则可以令家居环境更为时尚。配色时黑色不宜大面积使用，但若适当添加黑色，则能体现出洗练、理性的空间感觉。

▲ 灰色和白色为主的卧室，以木色搭配，能够营造出具有质朴感的配色印象

◀ 白色系为主的空间，仅以木色地面修饰，呈现出简约朴素的氛围

（2）灰色系

灰色具有睿智、高档的感觉，是无彩色系中具有明度变化的色彩。用灰色表现朴素感可以搭配蓝色、灰绿色，能够体现出理智、有序的素雅感；而搭配茶色系，则具有高档感。要避免灰色系家居过于冷淡，软装可选择同样简约、纯净的色系，在增加空间层次的同时，也不会影响整体家居氛围。

▲ 用暖灰色作主角色也可以表现出朴素低调的特点，除此之外，还会带有一些时尚感

◀ 深灰色的背景色和主角色与木色搭配奠定了朴素内敛的氛围，白色的加入减弱了沉闷感

（3）蓝色系

用蓝色系表现朴素感，主要依靠色调和配色来实现，需要选择带有灰度的色调，同时组合灰色、蓝绿色、茶色系、白色中的一至两种，就能达到装饰空间的诉求。应避免使用明亮或淡雅的蓝色，会导致配色印象转变为清新感。

▲ 整体采用白色与蓝色的组合，塑造出具有稳定感的朴素、悠然的空间氛围，使人的心情变得平和、安定

► 白色系的空间以深暗蓝色点缀，避免单调感

► 白色与木色为背景色，蓝色为主角色，使空间既有质朴简约的味道，又有一点清新感

(4)茶色系

茶色系时尚中带有高雅感，是表现朴素色彩印象中不可或缺的色彩之一。茶色系一般包括咖啡色、卡其色、浅棕色等，属于比较中立的色彩。应避免与黑色、灰色或暗浊色搭配，以免空间氛围变得冷硬。

▲整体采用茶色与绿色两种类似型组合的色调，塑造出具有稳定感的朴素、悠然的空间氛围，使人的心情变得平和、安定

▲ 不同茶色色调的组合，渲染出了放松、柔和的自然氛围，白色的加入强化了清爽的气息

六、商务

商务型家居配色体现的是理性思维，配色来源于带有都市感的钢筋水泥大楼、高科技的电子产品等。因此，无彩色系中的黑色、灰色、银色等色彩与低纯度的冷色搭配较为适合。材质上可以选择金属、玻璃、大理石等冷材质。

配色禁忌

无彩色系中的灰色可以带有彩色倾向，例如蓝灰、紫灰等。但商务型居室不适宜用大面积的高纯度彩色来进行装饰，会破坏空间理性的气息。

❶ 配色意象

❷ 配色方案

（1）冷色系

冷色系一般给人冷静、理性的感觉，其中以微浊色调、暗浊色调为主的蓝色、紫色等冷色系色彩，搭配灰色或黑色，能够表现出具有素雅感的都市色彩印象。冷色系的都市家居中应避免采用暖色作为点缀色，容易破坏空间的配色印象。

► 大面积的蓝色与褐色系奠定了空间沉稳的商务氛围。为了避免深色带来的压抑感，用少量的白色来进行中和

▲ 用黑白组合以外的色彩也能够塑造具有商务感的空间，深蓝色用在墙面上，加以金色做点缀，舒适而高雅

（2）茶色系点缀

以灰色、蓝灰色等为背景色的商务型家居中，加入茶色系作为主角色，能够增加空间坚实、厚重的感觉，塑造出具有高质量感的都市氛围。简便的方法是将茶色系用在家具及布艺软装上，如窗帘、地毯等，可轻松实现配色印象。

▲ 无色系为主的客厅配色降低了空间的温度，使人感觉人工、刻板，充分地演绎出了商务气息素雅、压抑的氛围。少量茶色的点缀，增添了生活气息

▲ 白色为主色，使空间宽敞、明亮，搭配茶色做辅色，增添沉稳和温暖感

(3)红色系点缀

若感觉以冷色系为主的商务型家居配色显得过于清冷，可以将红色系作为点缀色使用，这样的色彩搭配能够活跃空间氛围，塑造具有时尚感的都市空间。红色系尽量作为配角色和点缀色使用，不宜在空间中大量运用。

▲ 以无色系中的灰色及白色为主要部分，大面积的使用塑造清冷的都市形象，加入暗红色来强化这一主体氛围

► 以无色系的色调作主色，容易表现出时尚感和现代感，但过于刻板，加入亮眼的红色点缀，既能与整体协调，又能增强美观度

► 以浅灰色为主色，搭配一些低调、暗沉的红色，展现出现代、时尚而又具有精致感的空间，给人具有质量感的生活氛围

（4）无色系组合

黑色、白色、灰色这类无彩色系，最能体现出商务型家居冷静、理性的印象。若同时搭配金、银这两种无彩色系，则能令空间的时尚感更强，塑造出带有低调华丽感的商务型家居。如果选择一些彩色作点缀色，适合选择柔和的色相，否则容易破坏冷静、理性的印象。

▲ 抑制的灰色，具有强烈的人工感，是具有代表性的商务色彩，搭配少许纯净的白色，具有质感的都市生活气息

▲ 墙面用明度最高的白色，重心在空间上部。为了避免空间感失调，加入棕色和黑色，整体呈现出高档、时尚的感觉

七、闲适

使人感到轻松、舒适、安全的色彩组合就能够形成闲适的配色印象，其主要色彩为米色，可以用来组合白色、浅灰色、肉粉色、淡绿色等。另外，因为配色多为近似色相或色调，所以可以用绿色植物及一些色调淡雅的花艺来丰富空间的整体层次、调节氛围。

配色禁忌

避免纯度和明度过高的色彩，纯度和明度过高的色彩容易带来视觉冲击，形成跳跃，进而打破空间的清幽感，破坏悠闲韵味。

1 配色意象

❷ 配色方案

(1) 米色 + 白色

米色的特点为柔和、温馨，白色的特点为整洁、明亮，两种颜色搭配在一起十分协调，毫无冲突感。另外，由于白色和米色的明度差很小，所以组合在一起具有平稳、安定的感觉。在米色和白色的闲适型家居中，地面可以选择木色地板，此种配色非常适合小户型。

▲ 米色和白色的组合，虽然明度变化较小，但能很好地传达出平和、放松的效果

▲ 将米色和白色的搭配运用在卧室中，可以营造出舒适、温和的居室氛围

(2)米色 + 近似色点缀

利用淡雅、柔和的米色作为空间的背景色或主角色时，能够使空间具有柔和、温馨的感觉，令人感到轻松。如果用与米色相近的色彩来调和，能令空间层次感显得更为丰富。

▲大面积的米色和米色的近似色塑造出闲适柔和的感觉，使空间更显温馨轻松

▲ 不同色调的米色可以丰富空间配色的层次，又不会破坏闲适的感觉

（3）米色 + 绿色点缀

将米色用在背景色上，再搭配少量柔和的淡色调或明浊色调的绿色，来作为配角色或点缀色，可以使空间具有闲适、放松的感觉。若再加入白色调剂，则空间显得更通透。

► 全部使用米白色或白色塑造的闲适容易让人感觉沉闷，适当地加入自然的绿色，不会破坏悠闲韵味的同时还能增添清爽感

▲淡雅和厚重的结合，塑造出具有舒适感的闲适风格，一味的厚重会让人感觉沉闷，恰当地融入清新的中性色可以带入轻松感

八、浪漫

表现浪漫的配色印象，需要采用明亮的色调营造梦幻、甜美的感觉，例如粉色、紫色、蓝色等。另外，如果用多种色彩组合表现浪漫感，最安全的做法是用白色做背景色，也可以根据个人喜好选择其中的一种做背景色，其他色彩分主次分布。

配色禁忌

浪漫型配色给人热烈的感受，过于理性的冷色会破坏此种色彩印象，要避免使用。另外，暗浊调的暖色其纯度较低，给人含蓄、内敛的色彩印象，也不适合用于浪漫型家居的配色。

❶ 配色意象

❷ 配色方案

（1）多彩色组合

用多色彩搭配表现浪漫感时，粉色属于必不可少的一种色彩，即使是作为点缀色也能够增添甜美感。其他色彩如紫色、蓝色、黄色、绿色可随意选择，但主色调应保持在明色调上。配色时家具与墙面采用同样的配色方式，再用粉色系作为配角色或点缀色，可以使配色印象的特点更加强烈。

▲ 浅淡的绿色与粉色组合营造出梦幻又浪漫的氛围，高纯度的蓝色点缀增强了古典感

◀ 浊色调的绿色用在墙面上，具有复古优雅的感觉，搭配同色调的蓝色餐椅和原木色餐桌强化此种氛围

（2）紫色系

淡雅的紫色具有浪漫的感觉，同时还具有高雅感。浪漫型的家居中，可以在紫色系中加入粉色与蓝色，这样的色彩最能表达出家居印象。将明亮的紫色和粉色组合起来作为软装的主色，浪漫感更浓郁，若搭配白色则更显纯净。

▲大面积的白色与紫色形成了明度差，扩大了配色的视觉张力

▲ 在以蓝色、白色为主的空间中，加入淡雅的紫色，能够塑造出浪漫、复古的氛围

（3）粉色系

或明亮、或柔和的粉色都能给人朦胧、梦幻的感觉，将此类色调的粉色作为背景色，浪漫的氛围最强烈；若同时搭配黄色则更甜美，搭配蓝色则更纯真，搭配白色会显得很干净。配色时，家具色彩选择墙面色彩的同类色，能够避免混乱感，也让浪漫感更强。

► 以粉色为主，搭配乳白色塑造客厅空间甜美、浪漫的基调

▲ 轻柔、淡雅的粉色、苹果绿、灰蓝色等色彩组合表现出甜美、天真的浪漫氛围

（4）蓝色系

用蓝色表现浪漫感，需要选用具有纯净感的明色调，可以组合类似色调的其他色彩，例如明亮的黄色、紫色、粉色等；也可以选择近似色相的组合形式，使浪漫感更稳定、浓郁。使用蓝色切忌选择深色调或暗色调，这类色调缺乏浪漫感。

▲用蓝色为主色塑造的浪漫客厅空间，因蓝色的纯度及明度变化，整体统一中富有层次变化

▲ 以淡雅的蓝色搭配浅灰色，渲染出平和、淡雅的浪漫氛围

第四章
风格与配色

现今时期，经过传承和不断的创新，空间风格多种多样，每一种风格都有其独特的设计元素，配色设计同样也存在较大的区分，甚至可以说是辨别风格的一个重要因素。了解不同风格的配色设计方法，深入地学习各种室内风格，最终达到轻松进行室内配色的目的。

第一节 传统风格

一、欧式古典风格

欧式古典风格起源于文艺复兴时期，具有装饰华丽、色彩浓烈、造型精致的特点，适合面积大且举架（层高）高的户型，代表风格是巴洛克风格和洛可可风格，代表色彩是白色、红色、金色和偏红的深木色。在实际设计中，很难完全复制国外的经典古典建筑，但可以通过选择具有特点的配色和造型，搭配经典的欧式家具来实现风格的再现。

1 配色特点

（1）以白色系或黄色系为基础

欧式古典风格的配色设计延续了文艺复兴时期的建筑特点，这一时期装饰风格的居室色彩主调为白色，所以欧式古典风格的家居经常以白色系或黄色系为基础，包括白色、象牙白、米白、淡黄、米黄等，塑造典雅的基调。

（2）色彩组合华丽、浓烈

欧式古典家居的配色具有华丽、浓烈的特点。总的来说，可分为国内和国外两个派别，国内一般擅长运用金色和银色来表现风格的气派与复古韵味。而国外分为两个极端，或以白色、淡色为底色搭配红色或深色家具营造优雅高贵的氛围；或以华丽、浓烈的色彩配以精美的造型达到雍容华贵的装饰效果。

配色禁忌

纯度过高的色彩虽然亮丽，但大面积使用容易形成活泼氛围，与欧式古典风格追求复古韵味背道而驰，因此不宜大量使用。而加入适量灰色和黑色的暗浊色调及暗色调，具有古朴印象，较为适合欧式古典风格。

② 常用配色

（1）金色 / 明黄

具有炫丽、明亮的视觉效果，能够体现出欧式古典风格的高贵感，构成金碧辉煌的空间氛围。软装中常见精致雕刻的金色家具、金色装饰物等，在整体居室环境中起点睛作用，充分彰显古典欧式风格的华贵气质。

▲ 明黄色与金色组合，能够彰显欧式古典风格的精致、奢华

▲ 白色与棕色组合，形成最符合欧式风格特点的韵味

（2）棕色系

欧式古典风格会大量用到护墙板，实木地板的出现频率也较高，因此棕色系成为欧式古典风格中较常见的家居配色。同时，棕色系也能很好地体现出欧式古典风格的古朴特征。为了避免深棕色带来的沉闷感，可以利用白色中和，也可以通过变化软装色彩来调节。

▶ 浊色调红色与橙色使棕色系的空间配色层次更加丰富，视觉效果更富丽堂皇

▲ 深棕色与米色组合，不仅效果沉稳、大方，更有豪华感

（3）浊色调点缀

浊色调的红色、绿色、湖蓝色，以及无彩色中的黑色，都是显眼而又不过于明亮的颜色。在欧式古典风格的居室中，可以通过摆放包含这类色彩的家具来丰富空间配色；也可以选择任意一种颜色的布艺来装点空间，提升品质。

▲ 暗浊色调的绿色带有优雅而复古的美感，与金色搭配，显得精致而绚丽

▲ 象牙白色为主色的空间，加入金色与暗浊红色，效果华丽

（4）华丽色彩组合

欧式古典风格可以采用多种颜色交互使用的配色方式，给人很强的视觉冲击力。具体配色时，可以采用对比色、邻近色交互的配色方式，但要注意比例，不要过于炫目。

▲ 运用不同色彩的软装搭配，形成小面积的对比感，增强视觉冲击感

◀ 多彩色丝质靠枕点缀的欧式古典客厅，多了几分活泼的华丽感

二、中式古典风格

中式古典风格是在现代住宅中对传统中式住宅的再现，延续了我国传统木构架建筑室内的藻井、天棚、挂落、雀替等装饰手法，搭配明、清造型的家具，彰显民族文化特征。它最显著的特点就是各种实木材料的使用，所以在配色方面多呈现以深色木质为主的设计，而后组合一些具有皇家特点的色彩，如红、蓝、黄、紫等，主要分成两个大的类型，即宫廷风和园林风。

❶ 配色特点

（1）宫廷风配色华丽

以皇家建筑为灵感的中式古典配色设计，主要以棕红系木色为基调，搭配深木色、米色、白色等调节层次感，整体配色设计浓烈而成熟，墙面、地面和家具都会出现木色的身影。此种设计方式区别于民居的重要特点是会搭配较多具有华丽感的彩色，例如大红、正黄、彩绿等，延续了古典建筑雕梁画栋的美感。

（2）园林风配色朴素

取自于古典园林配色的设计方式整体比较朴素，多以沉稳色的棕色系深木色为基调，组合色多为白色或米色，较少大量地使用华丽的彩色，多为点缀。

配色禁忌

在中式古典风格的家居中，家具常见深棕色系；同时擅用皇家色进行装点，如帝王黄、中国红、青花瓷蓝等。另外，祖母绿、黑色也会出现在中式古典风格的居室中。但需要注意的是，除了明亮的黄色之外，其他色彩多为浊色调。

❷ 常用配色

（1）白色 + 棕色

两种色彩可以等分运用，塑造出古朴中不失清透的空间氛围；也可以将棕色作为较大面积的配色（占空间比例的 70%~80%），白色作为调剂使用。

▲ 深棕色稳重厚实，加入白色调和，显得大气而不沉闷

▲ 白色与棕色组合，形成最符合中式古典风格特点的韵味

（2）黄色 + 棕色

黄色与棕色搭配可以再现中式古典风格的宫廷感。其中，黄色象征着皇家的财富和权利，棕色具有稳定空间的作用。一般可以将黄色作为背景色，棕色作为主角色；也可以将黄色作为大面积布艺色彩，棕色作为家具配色。

▲ 棕色与白色组合的客厅显得呆板压抑，加入黄色点缀，提升活跃感

▲ 黄色布艺软装的运用可以减少棕红色实木家具带来的厚重沉闷感

(3) 红色 + 棕色

对于中国人来说，红色象征着吉祥、喜庆。在中式古典风格的家居中，红色既可以作为背景色，也可以作为主角色。搭配棕色系，可以营造出古朴中不失活力的配色氛围。

▲ 棕色与红色的搭配，带来浓厚的中式古典氛围

▲ 红色的点缀，使卧室空间变得更有东方传统韵味

三、法式宫廷风格

在配色设计方面，常用木质洗白的手法与华贵、艳丽的软装色调来彰显其独特的浪漫贵族气质。主色多见白色、金色、深色的木色等，家具多为木质框架且结构粗厚，多带有古典细节镶饰，彰显贵族品味。

❶ 配色特点

（1）宫廷风追求尊贵、华丽

由于建筑特点和面积的限制，在现代的住宅中很难完全复制法式宫廷风，所以通常是用比较简洁的建筑结构搭配具有宫廷特点的家具来再现该风格。而在配色设计方面，则完全采用宫廷风的组合方式，常用柔和淡雅的背景色，例如白色、象牙白、米黄等，搭配白、金、黑、蓝、紫等或深色的木色为主调的华丽配色家具，整体给人浪漫、尊贵且华丽的感觉。

（2）金色、银色是塑造华丽感的主要因素

宫廷风格的居室需要有一些华丽感，它的主要来源就是金色和银色的使用，可以挑选一些带有镀金、镀银边框的家具或者此类色彩的饰品加入到家居中，数量无须过多但做工须精致。

配色禁忌

在进行法式风格的配色设计时，不宜使用过于浓烈的色彩，用色拒绝矫揉造作，偏爱清淡色彩，整个室内的基调应以素雅清幽为主。可根据需要适量使用一些装饰色彩，如金、银、紫、红等，夹杂在素雅的基调中温和地跳动，渲染出一种柔和、高雅且尊贵的气质。

❷ 常用配色

（1）金色 / 黄色

金色在法式宫廷风格中会被较多运用，常出现在装饰镜框、家具纹饰等处，数量无需过多但做工需精致，力求营造出一种金碧辉煌的配色印象；有时也会结合高明度的黄色同时使用，令整个空间透出明媚的华丽感。

◀ 金色点缀带来视觉上的华丽、高贵

◀ 黄色系与金色系组合，烘托出奢华浮夸的宫廷氛围

◀ 金色与白色搭配，能够提升优雅感，变得更加雅致、精巧

（2）白色＋湖蓝色 / 宝石蓝

湖蓝色和宝石蓝自带高贵气息，符合法式宫廷风格追求华贵的诉求。一般和白色进行搭配，塑造出华美中不失通透的空间环境。

▲ 宝石蓝点缀白色系空间，充满纯净的浪漫感

▲ 湖蓝色布艺软装为客厅增添明朗、亮丽感

（3）华丽的女性色

将纯度较高的女性色彩，如朱红色、果绿色、柠檬黄、青蓝色、粉蓝色等组合运用，可以营造出绚丽、华美的法式宫廷风格。为了避免配色过于喧闹，可以用白色进行色彩调剂。

▶ 多种华丽色彩的组合使用，将空间的华丽感大大提升，显得更加娇媚、精致

▶ 淡粉色与深蓝色的搭配，不会过于甜腻或沉重，反而更有高雅、清爽的感觉

四、新中式风格

新中式风格诞生于中国传统文化复兴的新时期，继承了传统家居中的经典元素，提炼并加以丰富，格调高雅，含蓄秀美，造型简朴优美。它并不是刻意地描述某种具象的场景或物件，而是讲求“神韵”的传达，这是与中式传统风格的最大区别。色彩设计分为两种类型：一种是将黑、白、灰组合运用做基调，搭配无彩色或木色家具；一种是以黑、白、灰为基础，搭配一些皇家色。

1 配色特点

（1）黑、白、灰组合

此种配色方式源自于苏州园林和京城民宅，具体操作方式是墙面部分以白色或浅灰色为主，黑色多做少量装饰，根据喜好，墙面上也可加入一些米色、米白色、棕色系等与白色组合，塑造层次感。家具以深棕色或黑色为框架或主体，搭配白色、米色等色彩，整体上很少使用比较艳丽的点缀色，具有素净感。

（2）黑、白、灰加皇家色

在黑、白、灰基础上以皇家住宅的红、黄、蓝、绿等作为局部色彩的配色方式是比较具有活泼感的。墙面上很少会大面积地使用彩色，更多的是以白色或灰色为主色，家具、布艺或饰品是彩色的呈现主体。

配色技巧

绿色在新中式风格中属于辅助色，很少大面积使用，多作为配角色或点缀色，为了符合新中式古典而雅致的底蕴，建议选择高明度的淡色调或淡浊色调，或者低明度、低纯度的色调，总体来说以具有柔和感的色调最佳。

2 常用配色

（1）棕色系 + 无彩色

深棕或暗棕与无彩色组合是园林配色的一种演变，具有复古感。棕色最常作为主角色用在主要家具上，也可作配角色用在边几、坐墩等小型家具上。背景色则常见白色、浅灰色，黑色做层次调节加入。

◀ 浅棕色与白色组合，展现出别致清雅的中式感

◀ 利用深棕色和白色打造出层次分明又和谐融合的中式客厅

(2) 白色 / 灰色 + 皇家色

其中，白色 / 灰色 + 黄色 + 蓝色 / 青色，可以体现出活泼、时尚的新中式风格，但需注意蓝色 / 青色最常用浓色调，少采用淡色或浅色；白色 + 红色 + 黄色或白色 + 红色 + 蓝色具有肃穆、庄严感，可将红色 / 黄色 / 蓝色与软装结合。

▲ 红色软装的应用使原本配色单调的中式客厅变得更有层次

▲ 皇家色的点缀，使客厅空间变得更有东方传统韵味

（3）白色 / 米色 + 黑色

白色 / 米色为背景色，黑色做辅助色，空间印象较干净、通透，适合面积不是很大的空间；也可以将黑色作为大面积配色，如运用在背景色、主角色上，白色为辅助色，或选择黑白组合的家具，这种配色更加沉稳、有力。

▲ 白色与黑色组合，兼具时尚感和古雅韵味

▲ 白色与黑色的组合，加入少量灰色调和，使中式客厅充满了现代感

（4）白色 + 灰色

可将白色或灰色中任一种作主色，另一种作辅色，然后搭配色调相近的软装，丰富家居空间的层次；或加入黑色点缀，令空间配色更加沉稳。这样的配色可以塑造出类似苏州园林或京城民宅风格的家居，极具韵味。

▲ 灰色作为卧室主色，沉稳大气，为了避免沉闷，以白色软装点缀，增添清爽感

▲ 整体空间以灰色和白色为主，间或以黑色点缀，奠定了雅致沉稳的中式基调

第二节
自然风格

一、美式乡村风格

美式乡村风格摒弃了烦琐和奢华，以舒适机能为导向，突出生活的舒适和自由。常大量地运用天然木、石、藤、竹、棉麻等材质，这种材料组合方式也使自然、怀旧、散发着浓郁泥土芬芳的配色设计成为了美式乡村风格的典型特征。

1 配色特点

（1）质朴的大地色系

大地色系也就是泥土的颜色，代表性的色彩有棕色、褐土黄、旧白色以及米黄色等。大地色可分为两种感觉：一种体现的是沉稳大气的，具有复古感和厚重感，此种配色以深色调大地色系为主；一种体现的是清爽素雅的感觉，反映出一种质朴而实用的生活态度，以浅色调大地色为主。

（2）动感的比邻配色

比邻配色源自于美国国旗的颜色，是很有动感的一种配色方式。具体设计方式是将深红、深蓝和白色组合在一起的配色方式，深蓝色偶尔也会用浅蓝色或蓝灰色来代替。比邻配色呈现方式有两种，最多的是用软装来呈现，其中最著名的是美式比邻家具；少部分是将比邻配色用在墙面上，通过壁纸来呈现，例如红白蓝条纹壁纸。为了彰显出乡村韵味，比邻组合通常还会搭配黄色、绿色或大地色。

配色禁忌

在美式乡村风格的家居中没有特别鲜艳的色彩，所以在进行此种风格的配色设计时，尽量不要加入此类色彩，虽然有时会使用红色或绿色，但明度都与大地色系接近，寻求的是一种平稳中具有变化的感觉，鲜艳的色彩会破坏这种感觉。

❷ 常用配色

（1）大地色（主色）+ 绿色

大地色与绿色搭配是最具有自然气息的美式乡村风格配色。其中，大地色通常占据主要地位，并用木质材料呈现出来。绿色多用在部分墙面或窗帘等布艺装饰上，基本不使用纯净或纯粹的绿色，多具有做旧的感觉。

► 美式乡村风格追求自然韵味，而大地色与绿色的搭配能够体现出此种氛围

▲ 用具有特点的大地色和绿色搭配，与美式乡村风格古朴的基调相吻合

（2）白色（主色）+ 大地色 + 绿色

将白色作为顶面和墙面色彩，大地色用作地面色彩，形成稳定的空间配色关系。另外，大地色也可以作为主角色，而绿色则常作为配角色和点缀色，这样的配色关系既具有厚重感，也不失生机、通透。

▲ 白色墙面，搭配棕色家具和绿色植物，可以扩大空间感，不会使人感觉压抑

▲ 白色作为顶面和墙面色彩，大地色用作家具色彩，绿色点缀，配色关系既具有厚重感，也不失生机、通透

（3）大地色＋白色

可以塑造出较为明快的美式乡村风格，适合追求自然、素雅环境的居住者。如果空间小，可大量使用白色，大地色作为重点色；若同时组合米色，色调会有过渡感，空间配色显得更柔和。

▲ 米白色为背景色，棕色为主角色，搭配起来既不会显得沉闷又符合乡村风情

▲ 暗红色与白色搭配，融合古典韵味与时尚感

（4）大地色组合

大地色在空间中大面积运用，可以同时作为背景色和主角色，组合时需注意拉开色调差，以避免沉闷感。也可以利用材质体现厚重色彩，如仿旧的木质材料、仿古地砖等。

▲ 深棕色与浅棕色形成有层次感而稳重的氛围，绿色背景墙清新而自然，无形中增加了乡村气息

▲ 客厅使用大地色的组合，以白色调和，不仅不显得沉闷，还更有古典乡村的韵味

二、法式乡村风格

法式乡村风格的配色一方面与法式宫廷风格类似，擅用浓郁的色彩营造出甜美的女性气息；一方面也遵循了自然类风格的质朴配色印象，会利用大地色系来体现风格特征。另外，法式乡村风格还具备其本身所特有的地域印象，如紫色和黄色的运用，可以营造出浪漫、暖意的空间氛围。

❶ 配色特点

（1）娇嫩色调展现法式风情

法式乡村风格常用木质洗白的手法与娇嫩的女性色彩来彰显其独特的浪漫气质。在设计上追求一种心灵的回归感，给人扑面而来的乡村气息，一般空间色彩会选用象牙白、灰白、紫色、粉色等色彩柔和、装饰效果唯美的色彩。

（2）法式乡村追求浪漫、清新

法师乡村风格去掉了宫廷风格中过于繁复的部分，以优雅浪漫、简约舒适、高贵典雅为设计诉求。配色设计上减少了金色和深色木质的使用频率，更多地使用具有清新感的白色、蓝色、绿色等作为主色，而后搭配如紫色、粉色、灰色等简洁而浪漫的色彩，家居中并不使用艳丽色调的色彩，而是以非常舒适的低饱和色彩为主，给人舒适、平和的感觉。

配色禁忌

避免黑色和灰色的大量出现：尽量避免黑色和灰色的大量出现，这类无彩色具有明显的都市感，在弱色调的组合中，很容易抢占注意力，使配色失去悠闲感。

❷ 常用配色

（1）较大比例的紫色

将紫色运用在墙面、布艺、装饰品等处，可以体现出浓浓的法式乡村情调，令人仿佛体验到薰衣草庄园的自然壮观和浪漫唯美。其中，紫色和白色搭配，空间印象较为利落；紫色和同类色搭配，空间配色印象和谐中带有丰富的层次感。

▲ 低明度的紫色软装布艺与白色背景墙搭配，洋溢着浪漫、娇媚的法式气氛

▲ 米白色与淡紫色的搭配，使整个卧室变得温柔而浪漫

（2）黄色为主色

代表暖意的黄色系在法式乡村风格中被大量采用，体现出一派暖意。配色时常与木质建材和仿古砖搭配使用，近似的色彩可以渲染出柔和、温润的气质，也恰如其分地突出了空间的精致感与装饰性。

► 黄色系的餐桌椅与白色组合搭配，清爽温馨的同时也不乏乡村气息

► 黄色背景墙营造温暖的环境氛围，与法式家具搭配，渲染出柔和、温润的气氛

► 黄色系的背景墙和家具，使整个空间洋溢着温馨自然的柔和气氛

(3)白色 + 棕色系

法式乡村风格是典型的自然风格，因此来源于泥土的棕色系也是常见配色。棕色系既可以用于家具，也可以作为背景墙的配色，与白色进行搭配，质朴中不失纯粹的美感。

▲原木色家具刷上白色油漆，增添了纯朴、柔和的复古感

▲白色与棕色组合，充满了质朴自然的味道

（4）女性色组合

将若干种女性色运用在法式乡村风格的居室中，可以体现出唯美、精致感。配色时最好加入棕色系的木质家具或仿古砖，以及藤质装饰品等，用来凸显乡村风格的古朴特征。

▲ 淡色调的粉色与绿色充满了女性唯美感，搭配棕色家具，凸显出自然的乡村风情

▲ 大面积的肉粉色背景墙可以增添唯美、浪漫的感觉

三、地中海风格

地中海风格给人自由奔放的感觉，色彩丰富、明亮，配色大胆、造型简单，具有明显的民族性。进行地中海风格的配色设计不需要太多的技巧，只要遵循海洋沿岸取材自然的特点，配以大胆而自由的色彩即可。总的来说，地中海风格的配色可以分三种：蓝与白，黄、蓝紫和绿以及土黄和红褐色。

❶ 配色特点

（1）蓝与白

蓝白组合是最为常见的一种地中海配色方式，设计灵感源自西班牙、摩洛哥和希腊沿岸，这些地区的白色村庄与沙滩、碧海和蓝天连成一片，甚至门框、窗户、椅面都是蓝与白的配色，将蓝与白不同程度的对比与组合发挥到极致，给人清澈无瑕的感觉。

（2）黄、绿和蓝紫

这些色彩元素主要取自南美洲的向日葵和法国南部的薰衣草花田，其中黄色、绿色在实际运用中多与蓝色组合，而蓝紫色多组合白色，形成一种别有情调的氛围，具有自然的美感。

（3）土黄和红褐

这种配色源自北非沿岸特有的沙漠、岩石、泥、沙等天然景观颜色，可以将它们统称为大地色，烘托的是一种浩瀚、淳朴的感觉。

❷ 常用配色

（1）白色 + 蓝色

配色灵感源自希腊的白色房屋和蓝色大海的组合，是最常经典的地中海风格配色，效果清新、舒爽，常用于蓝色门窗搭配白色墙面，或蓝白相间的家具。

▲ 整体白色与蓝色的搭配，展现浓郁的地中海风情

▲ 白色背景色与蓝色主角色，形成奔放、明亮的氛围

（2）黄色 + 蓝色

配色灵感源于意大利的向日葵，具有天然、自由的美感。如果以高纯度黄色为主角色可以令空间显得更加明亮，而用蓝色进行搭配，则避免了配色效果过于刺激。另外，其中的黄色也可以用同为暖色系的橙色来表现，但一般将蓝色作为主色，橙色作为辅助色。

▲ 黄色与蓝色的组合搭配，呈现出清爽温馨的海岸风情

▲ 以黄色为主角色，可以令空间显得更加明亮，用蓝色进行搭配则避免了配色效果过于激烈

（3）白色 + 原木色

此种配色较适用于低调感地中海风格。白色常作为背景色，也可以用米色替代，原木色则多用在地面、拱形门造型的边框，以及墙面、顶面的局部装饰。

► 白色与原木色的搭配较适用于追求低调感地中海风格的人群

▲ 白色背景色与原木色家具搭配，给人清逸、自然的舒适感

（4）大地色＋蓝色

将两种典型的地中海代表色相融合，兼具亲切感和清新感。若想增加空间层次，可运用不同明度的蓝色来进行调剂；若追求清新中带有稳重感，可将蓝色作为主色；若追求亲切中带有清新感，可将大地色作为主色。

► 大地色系搭配蓝色系，是将两种典型的地中海代表色相融合，兼具亲切感和清新感

► 大地色与蓝色组合，充满了自然和明快的地中海风情风格配色

四、东南亚风格

东南亚风格原始自然、色泽鲜艳、崇尚手工。家居基调多为实木色或白色、米色，局部点缀艳丽的色彩，自然又不失热情华丽。但若追求个性和华丽感，也可用炫色作为主色使用。

❶ 配色特点

(1)取材自然所以材料本色最常用

取材自然是东南亚风格的最大特点，比如水草、木皮、藤及原木等，所以家居中原木色色调或褐色等深色系最为常见，或部分装点在墙面上，或用在造型朴拙的家具或饰品上，是东南亚家居中不可缺少的一种色彩。

(2)搭配无彩色具有禅意

东南亚地区的国家都信仰佛教，这点也反映在家居设计中，以无彩色的白色或浅灰色作顶面及墙面主色，而后搭配一些实木原色或者少量黑色、金色的家具，就可以表现出具有禅意的氛围。

(3)搭配绚丽彩色斑斓高贵

在东南亚家居中最抢眼的装饰莫过于绚丽的织物，由于地处热带，气候闷热潮湿，为了避免空间的沉闷压抑，因此在进行家居装饰时当深色使用较多时，多用夸张艳丽的小面积色彩冲破视觉的沉闷，这点也是东南亚风格区别于其他风格的一个显著特点。

❷ 常用配色

(1)原木色系

常作为空间背景色和主角色，体现出拙朴、自然的姿态。若搭配白色或高明度浅色，如米色、米黄等，空间效果明快、舒缓；若搭配低明度彩色，如暗蓝绿、暗红等，空间则具有沉稳感。另外，如果将原木色用在墙面，多以自然材料展现，如木质、椰壳板等。

▲ 东南亚风格要着重体现出拙朴、自然的姿态，因此可以用原木色作为空间的背景色和主角色

▲ 白色与木色组合，给人舒适、质朴的感觉，同时原木色家具能塑造出一种醇厚的氛围

（2）大地色 + 紫色

此种配色可以体现出家居风格的神秘与高贵，强化东南亚风格的异域风情。但紫色用得过多会显得俗气，在使用时要注意把握度，适合局部点缀在纱缦、手工刺绣的抱枕或桌旗之中。

▲ 大地色与紫色的组合搭配，可以体现出神秘与高贵的风格

（3）大地色 / 无彩色 + 多彩色

大地色、无彩色作为主要配色，紫色、黄色、橙色、绿色、蓝色、红色中的至少三种色彩作为点缀色，形成具有魅惑感和异域感的配色方式。在具体设计时，绚丽的点缀色可以用在软装和工艺品上，多彩色在色调上可以拉开差距。

▲ 大地色与多种色彩搭配形成具有魅惑感和异域感的配色方式

（4）大地色 + 对比色

通常大地色用作主色，红色、绿色或红色、蓝色作为软装的配色，可彰显出浓郁的热带雨林风情。在配色时，基本不会使用纯色调的对比，多为浓色调的对比，主要通过各种布料或花艺来展现。

► 大地色系的空间中以小面积的对比色点缀，增添异域风情

▲ 大地色系空间使用红色与蓝色的对比，更彰显浓郁的异域风情

（5）无彩色系 + 棕色 + 绿色

无彩色系、棕色作为主要色彩，搭配绿色，可营造出具有生机感的东南亚风格配色；为了避免和田园风格形成类似效果，在图案的选择上应有所区别，例如多采用热带植物图案的布艺、大象装饰画等。

▲ 无彩色、棕色作为主要色彩，搭配绿色，可营造出具有生机感的东南亚风格配色

▲ 白色系空间以深棕色和绿色搭配，配色效果稳重又不失自然

第三节
现代主义风格

一、现代风格

现代风格起源于 20 世纪初，因包豪斯学派的创立而得以传播，提倡突破传统、创造革新。材料选择大胆创新，家具软装突出制作工艺的简洁性、不繁杂。配色设计方面一个显著的特点是，会紧跟时尚潮流，但不盲目，而是提取潮流中的经典色，运用到家居空间中，强调创新、大胆与个性。

❶ 配色特点

（1）无彩色或棕色系为主

现代风格的配色设计经常以棕色系列，如浅茶色、棕色、象牙色，或无彩色系列，如白色、灰色、黑色等中间色为基调。其中白色为主最能表现现代风格的简单，黑色、银色、灰色能展现现代风格的明快与冷调。

（2）对比色使用频率较高

现代风格配色设计的另一个显著特征，就是会经常使用非常强烈的对比色，形成一种视觉冲击感，创造出特立独行的个人风格。但对比色的运用并不随便，当使用面积较大时，是以一种颜色作为空间主色调、另一种色调做搭配的形式，有鲜明的主次变化；还有一种方式是均作为点缀色使用，将其用在装饰画、靠枕或小装饰上，这样设计的好处可以使空间不显杂乱，在统一中寻求变化。

配色禁忌

现代风格的色彩运用追求强烈反差的效果，或强烈的色调对比，例如黑白反差；或浓重艳丽，如对比色的运用。如果室内使用黑、灰、棕等比较暗沉的色彩为主色，可以搭配红、黄等相对比较明亮的色彩，但一定要注意使用比例，如果计划使用的明亮色彩纯度比较高，更建议作为小面积的点缀色使用，不宜使用过多或过于张扬，会让人感觉过于刺激，失去家居应有的舒适氛围。

② 常用配色

（1）无彩色组合

仅利用黑、白、灰三色组合，效果冷静。其中，若白色为主色，空间氛围经典、时尚；若黑色为主色，空间氛围神秘、沉稳；若灰色为主色，空间氛围干净、利落。为了避免单调，以及和简约风格做区分，设计时可以搭配一些前卫感的造型。

▲ 以白色为主色，加入黑灰色作为调剂，减少白色带来的单调感，突出现代感

▲ 以灰色为主色，散发着考究、雅致的现代感

(2)无彩色 + 金属色

无彩色作为主色，电视墙、沙发墙等重点部位用银色或金色装饰，或采用金属色的灯具、工艺品做点缀。其中，无彩色 + 银色增添科技感，无彩色 + 金色则增添低调的奢华感。空间中可以运用解构式家具，使配色的个性感更强。

► 无彩色空间以金色摆件装饰，可以增添科技感，使配色的个性感更强

▲ 金色与黑色搭配，对比强烈，效果时尚又突出

（3）棕色系

棕色系包括深棕色、浅棕色，以及茶色等，这些色彩可以作为背景色和主角色大量使用，营造出具有厚重感和亲切感的现代家居。其中茶色的运用，可以选择茶镜作为墙面装饰，既符合配色要点，也可以通过材质提升现代氛围。

▲ 棕色沙发给无彩色客厅带来稳重感

▲ 棕色系作为背景色和主角色大量使用，营造出具有厚重感和亲切感的现代风格

(4)对比型配色

强烈的对比色可以创造出特立独行的个人风格，也可以令家居环境尽显时尚与活泼。其中，利用双色相对比 + 无彩色，冲击力强烈，配玻璃、金属材料效果更佳；利用多色相对比 + 无彩色，配色活泼、开放，使用纯色的张力最强。

▲ 空间中的家具、配饰等形成色彩对比，可以打破空间的单调感

▲ 强烈的对比色，可以彰显特立独行的个人风格，创造出时尚、活泼的环境

二、简约风格

简约风格注重居室的使用功能，主张以实用性为设计原则，力求以个性化、简单化的方式塑造舒适家居。配色设计方面，通常是以无彩色中的黑、白、灰色为大面积主色使用，而彩色的选择比较广泛，搭配亮色进行点缀，黄色、橙色、红色等高饱和度的色彩都是较为常用的，这些颜色大胆而灵活，不单是对简约风格的遵循，也是个性的展示。

❶ 配色特点

（1）白色最为常见

简约风格中的白色更为常见，白顶、白墙，清净又可与任何色彩的软装搭配。如塑造温馨、柔和感，可搭配米色、棕色等暖色；塑造活泼感，需要强烈的对比，可搭配艳丽的纯色，如红色、黄色、橙色等；塑造清新、纯真的氛围，可搭配明亮的浅色。

（2）黑色多作跳色

黑色具有神秘感，大面积使用感觉阴郁、冷漠，所以多做跳色使用，以单面墙、主要家具或装饰品来呈现。

（3）灰色的使用较灵活

灰色的使用是比较灵活的，高明度的灰色具有时尚感，如浅灰、银灰，用作大面积背景色及主角色均可，低明度的灰色则可以单面墙、地面或家具来展现。

❷ 常用配色

（1）白色（主色）+ 暖色

白色组合红色、橙色、黄色等暖色，简约中不失亮丽、活泼。其中，搭配低纯度暖色，具有温暖、亲切的感觉；搭配高纯度暖色，面积不要过大，否则容易形成现代家居印象，一般高纯度暖色多用在配色和点缀色上。

▲ 高纯度黄色点缀，可以丰富空间配色层次

▲ 白色组合橙色，简约中不失亮丽、活泼

（2）白色（主色）+ 冷色

白色搭配蓝色、蓝紫色等冷色相，可以塑造清新、素雅的简约家居。其中，白色与淡蓝色搭配最为常见，可令家居氛围更显清爽，若搭配深蓝色，则显得理性而稳重。

▲ 白色与淡蓝色搭配最为常见，可令空间氛围更显清爽

▲ 白色搭配蓝色，可以塑造清新、素雅的简约感

（3）白色（主色）+ 中性色

此种色彩搭配一般会加入黑色、灰色、棕色等偏理性的色彩做调剂，稳定空间配色。其中，搭配紫色空间显得比较有个性，搭配绿色则可以被多数人接受。

▲ 深暗色调绿色运用在墙面上，与白色家具搭配，显得优雅而又简练

▲绿色软装点缀，为白色系客厅增添自然、冷静的气息

（4）白色（主色）+ 木色

白色最能体现出简约风格简洁的诉求，而木色既带有自然感，色彩上又不会过于浓烈，和白色搭配，可以体现出雅致、天然的简约家居风格。在白色和木色中，也可以加入黑色、深蓝色等深色调来调剂，可以加强空间的稳定感。

▲ 白色系搭配木色，可以体现出雅致、天然的简约风格

▲ 在白色和木色中，也可以加入黑色等深色调来调剂，可以加强空间的稳定感

（5）白色（主色）+多彩色

白色需占据主要位置，如背景色或主角色，多彩色则不宜超过三种，否则容易削弱简约感。具体设计时，可以通过一种色彩的色相变化来丰富配色层次。

▲ 黄色与蓝色的点缀使整个白色系空间的气氛变得活跃起来

▲ 空间整体以白色为基调来突出风格特征，对比明显的红色与蓝色为空间增加配色层次

三、工业风格

工业风格粗犷、神秘，极具个性，准确地说是将工厂与美式风格的一些元素融合在一起的一种设计方式，具有浓郁的怀旧气息。色彩设计上非常有艺术感，以白色、灰色、黑色为主调，家具以黑色或棕色最为常见。

1 配色特点

(1) 黑白的经典风味

工业风配色设计中比较能够展现风格特点的配色之一就是黑色和白色的运用，黑色神秘冷酷，白色优雅轻盈，两者混搭交错可以创造出更多层次的变化，在此种基调之上又会适量地加入如木色、棕色、玛瑙红、灰色等色彩中的一种或几种做辅助，展现怀旧气息。

(2) 砖红和水泥灰的运用

没有什么材料比红砖墙更能够展现出工业风的粗犷感，裸露红砖本色的墙面具有老旧又摩登的感觉，砖块与砖块之间的缝隙可以呈现出特别的光影层次，具有浓郁的艺术感。还可以用水泥来代替红砖，水泥的灰色具有浓郁的工业气息，无论是顶面、墙面还是地面均可使用，配以适量银灰色的不锈钢或棕色系的板材、涂料或家具，冷酷又不压抑。

配色禁忌

颜色搭配是展现工业风格特点的重要元素。工业风给人的整体印象是冷峻、硬朗、个性的，因此在进行工业风格的家居配色设计时需要注意，一般不建议选择使用色彩感过于强烈的颜色，例如紫色、粉色、橙色等，原木色、灰色、棕色、复古红等颜色是非常朴素又硬朗的，更能够展现出工业风格的魅力和特点。

2 常用配色

(1) 无彩色 + 木色

工业风配色设计中比较能够展现风格特点的配色之一就是黑色和白色的运用，黑色神秘冷酷，白色优雅轻盈，两者混搭可以创造出更多层次的变化，在此种基调之上又可以适量地加入木色、棕色等，展现怀旧气息。

▲ 深棕色奠定出神秘、冷酷的环境氛围，以黑色和米白色进行调解，减少沉闷感

▲ 白色为主色的空间，加入木色和少量的黑色，能够塑造出不同格调的工业感

（2）水泥灰 / 砖红色

裸露红砖本色的墙面显得既老旧又摩登，具有浓郁的艺术感。同样，水泥的灰色具有浓郁的工业气息，无论是顶面、墙面还是地面均可使用，配以适量银灰色，既冷酷又不压抑。

▲ 背景的灰色，使空间形成统一的色调，红棕色砖墙在彰显个性的同时不失装饰性

▲ 水泥灰作为墙面色彩，塑造出粗犷、原始的感觉，搭配棕色，形成极具稳定效果的空间色调风格配色

四、北欧风格

北欧风格的色彩使用非常朴素，给人以干净的视觉效果。由于材料多为自然类（最常见的为木材），其材料本身所具有的柔和色彩，代表着独特的北欧风格，能展现出一种清新的原始之美。

❶ 配色特点

（1）配色设计明朗干净

配色设计方面最显著的特点是白色和木色的运用，大面积的彩色多为柔和的色调，纯色调主要以小面积的点缀色来呈现，家居空间给人的感觉干净明朗，绝无杂乱之感。

（2）主调为黑、白、灰等

北欧风格使用的色彩都具有强烈的纯净感，作为主色的色彩包括白色、黑色、灰色、蓝色、木色等，其中独有特色的就是黑、白、灰的使用，它们属于配色设计中的“万能色”，最具代表性的是纯粹的黑、白、灰两色或三色组合而不加其他任何彩色。

（3）色彩过渡柔和

北欧风格中鲜艳的纯色仅作为点缀使用，除此之外，多使用中性色做较为柔和的过渡，即使同时使用黑、白、灰营造的强烈效果中，也总有稳定的元素打破它的视觉膨胀感，如用素色家具或中性色软装来压制。

❷ 常用配色

（1）白色 + 原木色

白色为背景色，原木色作为主角色和配角色，通常会加入灰色作为两种色彩之间的调剂。另外，原木色常以木质家具或家具边框的形式呈现，空间氛围温润、雅致。

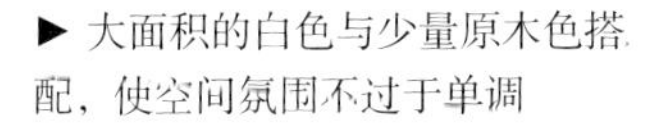

► 大面积的白色与少量原木色搭配，使空间氛围不过于单调

▲ 温暖的木色家具和白色相协调，给人静逸之感

（2）白色＋黑色

大面积运用白色，黑色作为点缀，若觉得配色单调或对比过强，可加入木质家具调节。这种配色方式和现代风格的配色区别主要体现在家具以及墙面的造型上。

▲ 白色和黑色是北欧风格中比较经典的一种色彩搭配方式，能够将北欧风格极简的特点发挥到极致

▲ 白色系空间自然亲近，为了避免过于单调，利用浊色调黄色进行点缀，让空间气氛活跃起来

（5）白色 + 蓝色 + 黄色

白色常作为背景色，黄色常作为主角色、配角色，蓝色则作为任意一种色彩角色均可。配色时，蓝色最好为浊色调，黄色则可以是纯色调，也可以是浊色调。若黄色的纯度较高，则多通过木质材料或布艺表现。

▲ 使用白色作为主色调，佐以黄色沙发和蓝色靠枕，以呈现明快、洁净的风格感

(6) 金色点缀

金色常通过金属材质来表现配色，常用在灯具、装饰画框和花盆中。较经典的配色有白色 + 浊色调绿色 + 金色，可以塑造出带有复古感的北欧风情；白色 + 明色调蓝色 + 金色，可以塑造出清爽、时尚的北欧风情。

▲ 金属灯具作点缀，使单调的空间显得更加宽敞通亮

五、简欧风格

简欧风格保留了古典欧式的部分精髓，同时简化了配色方式，白色、金色、暗红色是其最常见的颜色。若追求素雅效果，可以将黑、白、灰组合作为主要配色，添加少量金色或银色；若追求厚重效果，可以用暗红、大地色做主要配色；若追求清新感觉，则可以将蓝色作为主要配色。

1 配色特点

（1）以无彩色为主的搭配

无彩色的简欧色彩组合，是非常具有时尚感的一种配色方式。通常是以白色或浅灰色为主，用作背景色及家具上，黑色多用在小型家具、地面或布艺上，金色和银色则多用在灯具和饰品上。

（2）以白色为主的搭配

以白色为主的简欧配色方式，非常具有清新感，通常是将白色大面积使用，而后组合蓝色、绿色或紫色等。

（3）以暗红色系为主的搭配

以金色、暗红或棕红色为主的简欧配色方式具有华丽感，使用时会少量地糅合白色或黑色，最接近欧式古典风格。通常会加入一些绿色植物、彩色装饰画或者金色、银色的小饰品来调节氛围。

配色禁忌

区别于欧式古典风格，简欧风格的空间若不够宽阔，不建议大面积使用大地色系作墙面背景色，容易使人感觉沉闷，也会破坏风格精致的特征。

2 常用配色

（1）白色＋黑色／灰色

白色占据的面积较大，不仅可以用在背景色上，还会用在主角色上；白色无论搭配黑色、灰色或同时搭配两色，都极具时尚感。同时，常以简欧造型以及家具款式，区分其他风格的配色。

▲ 白色家具点缀灰色系空间，增添古典美感

▲ 白色为背景色，黑色为主角色，整体看上去神秘、矜重

（2）白色 + 金色 / 银色点缀

可以营造出精美的室内风情，兼具华丽感和时尚感。在简欧风格中，金色和银色的使用注重质感，多为磨砂处理的材质，会被大量运用到金属器皿中，家具的腿部雕花中也常见金色和银色。

▲ 白色为背景色，金色为配角色与点缀色，两者搭配，展现优雅的欧式风格

▲ 白色搭配金色兼具华丽感和时尚感

（3）白色 + 蓝色系

这种配色具有清新、自然的美感，符合简欧风格的轻奢特点。其中，蓝色既可以作为背景色、主角色等大面积使用，也可以少量点缀在居室配色中。需要注意的是，配色时高明度的蓝色应用较多，如湖蓝色、孔雀蓝等，暗色系的蓝色则比较少见。

▲ 白色与蓝色搭配具有清新、自然的美感，符合简欧风格的轻奢特点

▲ 白色和孔雀蓝组合搭配，充满了华丽感和清爽感

（4）白色 / 米色 + 暗红色

用白色或米色作为背景色，如果空间较大，暗红色也可作为背景色和主角色使用；小空间中暗红色则不适合大面积用在墙面上，可用在软装上进行点缀，这种配色方式带有明媚、时尚感。配色时也可以少量地糅合墨蓝色和墨绿色，丰富配色层次。

▲ 暗红色点缀，使无彩色的空间带有明媚、时尚感

▲ 暗红色与白色搭配，融合古典韵味与时尚感

（5）白色＋绿色点缀

白色通常作为背景色，绿色则很少大面积运用，常作为点缀色或辅助配色；绿色的选用一般多用柔和色系，基本不使用纯色。这种配色清新、时尚，适合年轻业主。

▲ 白色通常作为背景色，绿色则很少大面积运用，常作为点缀色或辅助配色

▲ 墨绿色布艺软装提高白色空间的精致度

六、现代美式风格

现代美式风格是美国西部乡村生活方式的一种演变，摒弃了过多繁琐与奢华的设计手法，色彩相对传统，家具选择更有包容性，体现出多层次的美式风情，家居环境也更加简洁、随意、年轻化。与美式乡村风格的主要区别在于配色设计和家具造型。现代美式风格来源于美式乡村风格，并在此基础上做了简化设计。强调简洁、明晰的线条，家具也秉承了这一特点，使空间呈现出更加利落的视觉观感。

❶ 配色特点

（1）装饰色彩更为丰富

在色彩设计上，现代美式风格的背景色一般为旧白色，家具色彩依然延续厚重色调，如将大地色广泛运用在家具和地面，但装饰品的色彩更为丰富，常会出现红、蓝、绿的比邻配色。

（2）比邻配色搭配棕色系

使用比邻色时，最好搭配深棕色或浅木色。尽量避免以比邻色作为空间主色，但可以少量运用在软装之中，才能不脱离现代美式的风格特征。

配色禁忌

避免运用过于鲜艳的色彩：在美式风格中，没有特别鲜艳的色彩，所以在进行配色时，尽量不要加入此类色彩。虽然有时会使用红色或绿色，但明度都与大地色系接近，寻求的是一种平稳中具有变化的感觉，鲜艳的色彩会破坏这种感觉。

❷ 常用配色

（1）比邻配色

比邻配色最初的设计灵感来源于美国国旗，基色由国旗中的蓝、红两色组成，具有浓厚的民族特色。这种对比强烈的色彩可以令家居空间更具视觉冲击，有效提升居室活力。除了蓝、红搭配，现代美式风格还衍生出另一种比邻配色，即红、绿色搭配。

▲ 红色与蓝色的座椅弱化了浅木色空间的单调性，增强了现代美式风格感

▲ 红色边柜与蓝色收纳柜是空间的配色亮点，为朴素的棕色系空间带来时尚感

（2）旧白色 + 浅木色

旧白色是指加入一些灰色和米色形成的色彩，比起纯白要带一些复古感，更符合美式风格追求质朴的理念。同时与浅木色搭配，可以增加空间的温馨。

▲整体空间以旧白色与木色搭配为主，加以黄色点缀，减少单调感，增加了层次性

◀旧白色为背景色，木色为主角色，两者搭配形成了简洁而朴素的视觉效果

（3）浅木色＋绿色

此种配色方式具有自然感和生机感，适合文艺的青年业主。其中，绿色常用在布艺或是配角色、点缀色之中，不会大面积使用，浅木色则会出现在家具、地面、门套、木梁等处。

►卧室配色柔和而可爱，绿色窗帘营造出自然、轻松的氛围

▲浅木色为主的空间配色，以绿色点缀，兼具了柔和感和清新感

七、日式风格

传统的日式家居将自然界的材质大量运用于居室的装修、装饰中，不推崇豪华奢侈，以淡雅节制、深邃禅意为境界，重视实际功能。在色彩上并不讲究斑斓、美丽，通常以素雅为主，选择一些淡雅、自然的颜色，柔和、沉稳，没有多余的色彩。

❶ 配色特点

（1）突出朴素感的浅色系配色

日式风格配色上以浅色系运用得比较多，较多采用白色 + 原木色 + 灰色系、原木色 + 棕色的色彩搭配，配色简洁却是最让人感觉舒适的颜色。

（2）浊色调点缀

日式风格为了保留朴素、闲适的感觉，常用浊色调点缀，在白色和木色塑造的空间中，使用浊色调点缀，既与日式风格追求素雅的基调相符，又可以令配色印象更富张力，提升空间的通透感。

配色禁忌

充满了禅意的日式空间不会像中式那么繁复。要做出有禅意气质的空间，墙面留白的色彩构成是不可或缺的。所谓留白，比如中国画里留白的构图所制造出来的境味。避免等面积运用纯色的同时，搭配不饰雕琢的原木和粗陶工艺品，古朴典雅的空间气质顿时显现出来。

❷ 常用配色

（1）木色

由于日本传统美学对原始形态十分推崇，因此，在日式风格中，不加雕琢的原木色十分常见，且会占据空间大面积配色，形成一种怀旧、回归自然的空间情绪。

► 原木色与白色的组合干净而内敛

▼ 大面积的白色与木色组合，形成一种怀旧、回归自然的空间情绪

（2）白色 / 米黄色 + 木色

日式风格色彩多偏重浅木色，这种色彩被大量地运用在家具、门窗、吊顶之中；同时，常用白色作为搭配，可以令环境更显干净、明亮。如果喜欢更加柔和的配色关系，也可以把白色调整成米黄色。

▲ 白色干净简练，原木色自然、质朴，两者搭配能塑造出淡雅、平和的空间环境

▲ 白色与浅木色的搭配，不仅能凸显日式风格的配色特点，又能塑造出淡雅、悠远的氛围

第五章 色彩与空间关系

色彩在家居空间中的表现常受制于一些因素，只有色彩与这些因素和谐共存时，家居配色才能满足赏心悦目与实用的诉求，进而塑造出宜居好住的室内空间。

第一节
影响配色因素

一、面积大小

空间配色往往多种多样，每种色彩的面积大小也有差别，面积大且占据绝对优势的色彩，对空间配色印象具有支配性。

❶ 面积优势主导配色印象

在一个家居空间中，占据最大面积的是背景色，其中，墙面有着绝对的面积及地位优势，而主角色位于视线焦点，这两类色彩对空间整体配色的走向有着绝对支配性。只要有面积差异，就存在面积比。增大面积比（大小差别）可以产生动感的印象；减少面积比，则给人安定、舒适的感觉。

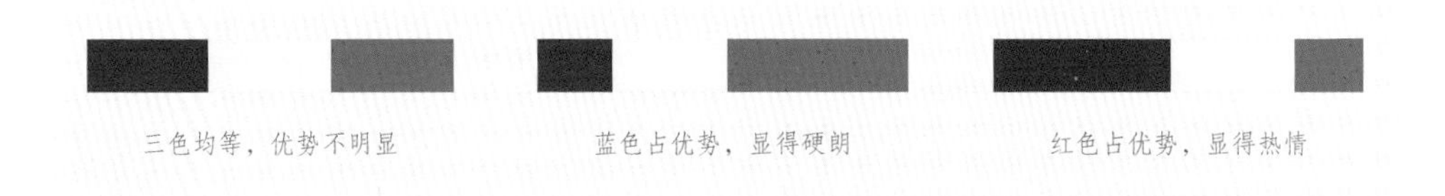

▲ 由于米白色所占的比重比较大，所以空间具有悠闲、祥和的印象

▲ 空间的主角色为蓝色、米白色为背景色，两者所占的面积相近，呈现出清新、平和的氛围

❷ 面积对色彩表现的影响

在设计或室内装修中，经常会发生这样的纠纷，业主会认定实际使用的颜色比预先确定的颜色亮。预定时，业主都是通过很小的色卡选择颜色的，而实际商品的面积要大很多。虽然是同一种颜色，但面积增大后，颜色看起来就比色卡亮。

▲ 装修完毕的空间，墙面淡雅的蓝色乳胶漆，感觉比原有小块样品的色彩更浅淡

◀ 面积越大，明亮的颜色会显得更为明亮、鲜艳；暗调的色彩会显得越为阴暗

二、物品距离

不同色彩并置时，相互之间的距离越远，对比越弱化。因为远处的物体会随着距离而变得模糊；相隔的距离达到一定程度时，颜色会很和谐；但是相近到一定程度，对比会很强烈。所以色彩之间的位置变化也会带来色彩对比的变化。

❶ 色彩位置影响色彩对比

在空间配色时，若喜欢色彩对比强烈，主角色和附近的点缀色可以采用对比配色法；若想要弱化空间色彩对比关系，主角色和对面墙面附近的点缀色可呈色彩对比。以客厅为例，主角色沙发和配角色茶几形成一定的色彩对比，可以塑造出活力中又相对稳定的配色关系。

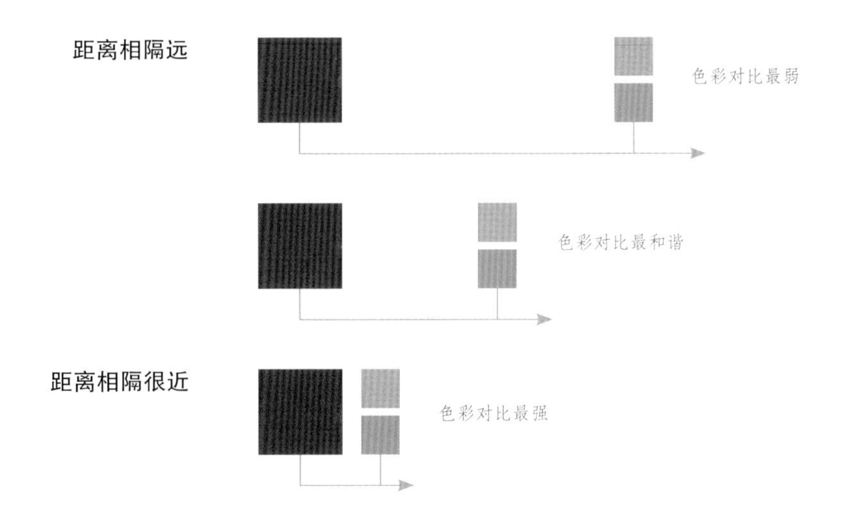

随着色彩与色彩之间的接触越来越深入，颜色之间的对比也会越来越强烈。当颜色之间的位置恰当时，会和谐；当颜色相互接触时，对比增强；当颜色相切入时，色彩对比更强；当一方包围了另一方颜色时，色彩之间的对比最强。

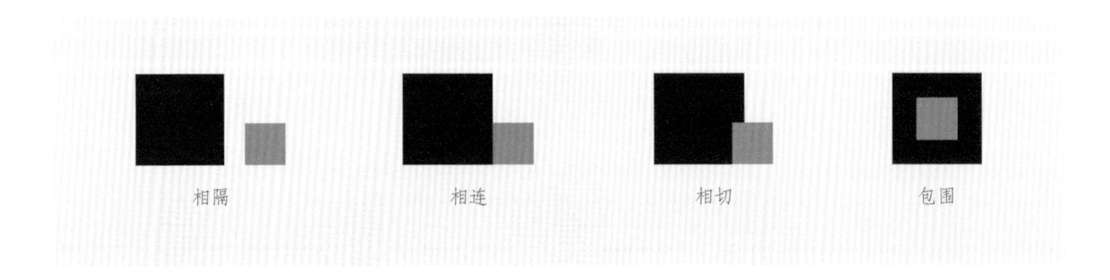

❷ 利用色彩强调视觉焦点

由于人眼的视觉生理特征，在观看室内空间的同一组物体时，往往会形成一个视觉中心，即在同组物体中最强烈、最主要的部分，便是视觉中心。视觉中心要突出，且要形成能使左右观看者认识的核心元素。例如，主角色一般为空间的视觉中心，因此在配色时，要特别关注主角色的色彩呈现。

▲ 主角色沙发是空间中最亮眼的配色，即空间的视觉中心

在传统的配色构成当中，对视觉中心最保守的办法是“九宫格”法，线条交汇的位置往往是视觉中心的位置。另外，“黄金分割法”的 0.618 位置，或者现代配色设计中常采用的“$\sqrt{2}$”，即 1 ： 1.414 的比例，这些位置的色彩都会被强调、效果被放大，是视觉传达的焦点。在室内配色设计时，可以在这些位置做配色上的强化，从而加深空间色彩的表现。

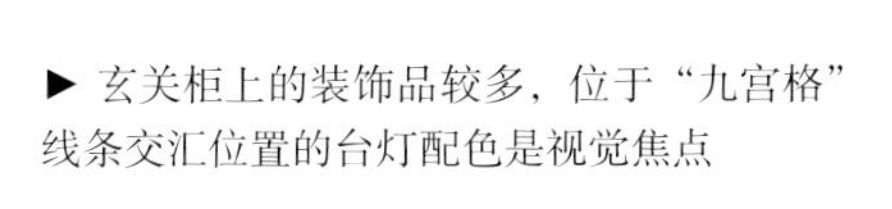

► 玄关柜上的装饰品较多，位于“九宫格”线条交汇位置的台灯配色是视觉焦点

三、空间材质

色彩不能单独凭空存在，而是需要依附于某种材质，才能够被人们看到，在家居空间中尤其如此。

❶ 色彩依附于空间材质

装饰材料千变万化，丰富的材质世界对色彩也会产生或明或暗的影响。

常见材质按照制作工艺可以分为自然材质和人工材质。

自然材质：非人工合成的材质，例如木头、藤、麻等，此类材质的色彩较细腻、丰富，单一材料就有较丰富的层次感，多为朴素、淡雅的色彩，缺乏艳丽的色彩。

人工材质：由人工合成的陶瓷、玻璃、金属等，此类材料对比自然材质，色彩更鲜艳，但层次感单薄。优点是无论需要何种色彩表达都可以满足。

常见材质按照给人的视觉感受可以分为冷材料、暖材料和中性材料。

冷材料：玻璃、金属等给人冰冷的感觉，为冷材料。即使是暖色相附着在冷材料上时，也会让人觉得有些冷感。例如，同为红色的玻璃和木头，前者就会比后者感觉冷硬一些。

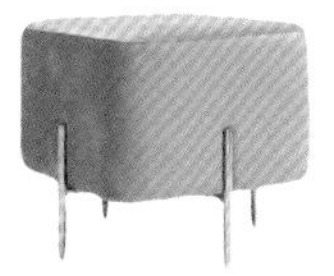

◀ 暖色调的黄色分别用在玻璃花器和棉麻沙发凳上，前者比后者感觉冰冷

暖材料：织物、皮毛材料具有保温的效果，比起玻璃、金属等材料，使人感觉温暖，为暖材料。即使是冷色，当以暖材质呈现出来时，清凉的感觉也会有所降低。

中性材料：木头、藤等材料冷暖特征不明显，给人的感觉比较中性，为中性材料。采用这类材料时，即使是采用冷色相，也不会让人有丝毫寒冷的感觉。

▲ 冷色调的蓝色表现在棉质单人椅上，冰冷感有所降低

▲ 冷色调的蓝色使用在中性材料上，也不会给人冰冷感

❷ 材质肌理对空间色彩的影响

在我们生活的环境中，任何一种物质都是由材料组成的，而肌理作为材料的外在表现形式，是材料的一种特殊属性。因此，在室内设计中肌理这一元素的应用是非常常见的，而肌理对于色彩效果的呈现也会产生一定作用。例如，同色彩的瓷砖经过抛光处理的表面更光滑，反射度更高，看起来明度更高，粗糙一些的则明度较低。

▲ 空间整体色相非常接近，但材料的不同导致材质肌理的不同，从而形成较丰富的层次感，减少单调感

▲ 客厅色彩较为丰富，但在材质上却保持统一，所以视觉上也有和谐感

四、室内照明

家居空间内的人工照明主要依靠白炽灯和荧光灯两种光源。这两种光源对室内的配色会产生不同的影响，白炽灯的色温较低，偏暖，具有稳重、温馨的感觉；荧光灯的色温较高，偏冷，具有清新、爽快的感觉。

❶ 色温的基本概念

色温是表示光源光色的尺度，单位为 K。通常，人眼所见的光线是由七种色光的光谱叠加组成，但其中有些光线偏蓝，有些则偏红。越是偏暖色的光线，色温就越低，能够营造柔和、温馨的氛围；越是偏冷的光线，色温就越高，能够传达出清爽、明亮的感觉。

（1）高色温

色温超过 6000 K 为高色温。高色温的光色偏蓝，给人清冷的感觉，当采用高色温光源照明时，物体有冷的感觉。

（2）低色温

色温在 3500 K 以下为低色温。低色温的红光成分较多，多给人温暖、健康、舒适的感觉，当采用低色温光源照明时，物体有暖的感觉。

家庭常用灯具色温表

灯具类型	色温范围（K）
白灯	2500 ~ 3000
220V 日光灯	3500 ~ 4000
冷色的白荧光灯	4500
暖色的白荧光灯	3500
普通日光灯	4500 ~ 6000
反射镜乏光灯	3400

❷ 色温在空间中的运用

（1）色温在空间中的运用

暖色调为主的空间中，采用低色温的光源，可使空间内的温暖基调加强；冷色调为主的空间内，主光源可采用高色温光源，局部搭配低色温的射灯、壁灯来增加一些朦胧的氛围。

▲ 暖色调为主的餐厅，主灯为低色温

▲ 冷色调客厅，筒灯为高色温，落地灯为低色温

（2）高色温适合工作区域

在实际运用中，可利用色温对居室配色和氛围的影响，在不同的功能空间采用不同色温的照明。高色温清新、爽快，适合用在工作区域做主光源，例如书房、厨房、卫生间、过道等区域。

▲厨房

▲ 卫生间

（3）低色温能够烘托氛围

低色温给人温暖、舒适的感觉，很适合用在需要烘托氛围的空间做主光源，例如客厅、餐厅等区域。而在需要放松的卧室中，也可以低色温的灯光为主，能促进褪黑素的分泌，具有促进睡眠的作用。

▲ 卧室

▲ 餐厅

五、居室朝向

不同朝向的房间，自然光照也不同。例如，南向房间光照足，正午容易让人感觉燥热，而北向房间则比较阴暗。可以利用不同色彩对光线反射率的不同这一特点，来改善居室环境。

❶ 东向房间

上午和下午的光线变化较大，日光直射或与日光相对的墙面宜采用吸光率比较高的深色，背光的墙面采用反射率较高的浅色会让人感觉更为舒适。

▲东向房间与日光相对的墙面为深灰色，具有吸光性

❸ 西向房间

光照变化更强，下午基本处于直射状态，且时间长，它的色彩搭配方式与东向房间相同，在色相选择上可以选择冷色系，以应对下午过强的日照。

▲西向房间沙发为深暗绿色，可以降低日晒燥热感

❸ 南向房间

南向房间日照充足，建议离窗户近的墙面采用吸光的深色调色彩、中性色或冷色相，从视觉上降低燥热程度。

▲临近窗户墙面为深色调色彩，令空间充满冷静感

❹ 北向房间

北向房间基本没有直接光照，显得比较阴暗，可以采用明度比较高的暖色来装饰空间，使人感觉温暖一些。

▲北向房间运用暖色装饰，具有温暖的视觉效果

六、季节气候

季节气候的变化会使人产生不同的心理感受，因此在进行空间设计时，可以迎合季节的变化，对软装色彩进行调节，以减少气候变动带来的不适感。

❶ 利用冷暖色调节迎合气候特征

一年四季中，大部分地区的光照和温度都有很大变化，当这种变化令人感到不适时，可以通过调整空间的配色来解决。例如，温带和寒带，调整的策略就有很大区别。通常情况下，一年之中温暖时间长的地区适宜多用冷色，而寒冷时间长的地区适宜多用暖色。

▲ 炎热时间较长的地区可以多用一些冷色系装饰

▲ 寒冷时间较长的地区可以多用一些暖色的搭配

❷ 通过改变软装配色迎合四季变化

当季节发生变化时，可以不改变墙面、地面等固定配色，而通过改变软装的色调来增加居住者的舒适感。这种方法简单、有效，能够让家保持新鲜感。即使墙面、地面的颜色不变，只要改变窗帘、布艺、沙发套、抱枕等的颜色，就能使氛围发生改变。

▲ 季节特征明显时，感到炎热可以将软装换成冷色系

▲ 季节特征明显时，感到寒冷可以将软装换成暖色系

第二节

功能空间的配色

一、客厅

客厅色彩是家居设计中非常重要的一个环节，因为从某种意义上来说，客厅配色是整个居室色彩定调的辐射轴心。一般来说，客厅色彩最好以反映热情好客的暖色调为基础，颜色尽量不要超过三种（黑、白、灰除外）。如果觉得三个颜色太少，则可以调节色彩的明度和彩度。同时，客厅配色可以有较大的色彩跳跃和强弱对比，用以突出重点装饰部位。

另外，客厅墙面色彩是需要重点考虑的对象。首先，可以根据客厅的朝向来定颜色；如果怕出错，则可以运用白色作为墙面色彩，无论搭配哪种色彩均十分和谐。其次，墙面色彩要与家具、室外的环境相协调。

▲ 白色系可以带来干净、简约的视觉效果，加入浊色调蓝色的点缀，可以营造出轻奢的氛围

▼ 无彩色空间里，鹅黄色家具和绿色窗帘组合，使整体空间充满清爽、明朗的气息

二、餐厅

餐厅是进餐的专用场所，具体色彩可根据家庭成员的喜好而定，一般应选择暖色调，如深红色、橘红色、橙色等，其中尤其以纯色调、淡色调、明色调的橙黄色最适宜。这类色彩有刺激食欲的作用，不仅能给人以温馨感，而且能提高进餐者的兴致。另外，餐厅应避免使用暗沉色用于背景墙，避免会带来压抑感。但如果比较偏爱沉稳的餐厅氛围，则可以考虑将暗色用于餐桌椅等家具，或部分墙面及顶面造型中。

▲ 高纯度的黄色、红色组成明媚的色彩印象，经过灰色和白色的调节，彰显出餐厅的个性和时尚感

▲ 墨绿色的餐椅与蓝色背景色形成鲜明的色彩对比，为餐厅提供了视觉焦点

餐厅色彩搭配除了需特别注意墙面配色外，桌布色彩也不容忽视。一般来说，桌布选择纯色或多色搭配均可。但在众多色彩中，蓝色是不讨喜的桌布色彩。这是由于蓝色属于冷色调，食物摆放在蓝色桌布上，会令人食欲大减。另外，也不要在餐厅内装蓝色情调灯。科学证明，蓝色灯光会让食物看起来不诱人。如果想营造清爽型或者地中海风格的餐厅，可以把蓝色适当用于墙面、餐椅等装饰上。

▲ 深暗蓝色与灰棕色、白色的组合丰富配色层次的同时又有个性感

◀ 浅粉色与蓝色的组合搭配，构成鲜明而生动的现代感餐厅空间

三、卧室

卧室色彩应尽量以暖色调和中性色为主，过冷或反差过大的色调使用时要注意量的把握，不宜过多。另外，卧室的色彩不宜过多，否则会造成视觉上的杂乱感，影响睡眠质量，一般 2 ~ 3 种色彩即可。

卧室顶部多用白色，显得明亮；地面一般采用深色，避免与家具色彩过于接近，否则会影响空间的立体感和线条感。卧室家具色彩要考虑与墙面、地面等颜色的协调性。浅色家具能扩大空间，使房间明亮；中等深色家具可使房间显得活泼、明快。

另外，主卧是居室中最具私密性的房间，一般很少会让外人进入。在进行色彩设计时，可以充分结合业主喜好搭配；而次卧配色一般可以沿袭主卧基调，保持风格上的统一感，之后略作简化处理。

▶ 雅致、稳重的深蓝色背景色搭配上浊色调粉色双人床，再以少许金色饰品点缀，展现出优雅、轻奢的卧室氛围

▶ 粉色系的空间以白色和木色搭配，不会显得过于甜嫩，反而更能带来简单、淡雅的感觉

四、书房

书房是学习、思考的地方，配色上宜选择较为明亮的无彩色或灰棕色等中性色，尽量避免强烈、刺激的色彩。家具和饰品的色彩可以与墙面保持一致，并在其中点缀一些和谐的色彩，如书柜里的小工艺品、墙上的装饰画等，这样可打破略显单调的环境。

▲ 浅木色与白色的组合，既不会显得单调、乏味，又能适当增加简雅的感觉

▲ 白色为主基调，加入少许的浊粉色做点缀，令书房氛围变得优雅又不会太单调

▲ 白色和木色为主基调的空间里，金色软装的使用减少了沉闷感，使整个书房充满现代气息

五、厨房

厨房的操作环境是高温环境，最好选择浅色调作为主要配色，可以有效“降温”。浅色调还具备扩大延伸空间感的作用，令厨房看起来不显局促。大面积浅色调可以用于顶面、墙面，也可以用于橱柜，只需保证用色比例在 60%以上即可。另外，由于厨房中存在大量金属厨具，缺乏温暖感，因此橱柜色彩宜温馨，其中原木色橱柜最适合。

▲ 厨房大面积色彩为无彩色，利用层次搭配来避免单调

空间大、采光足的厨房，可选用吸光性强的色彩，这类低明度色彩给人沉静之感，也较为耐脏；反之，空间狭小、采光不足的厨房，相对适合用明度和纯度较高，反光性较强的色彩，这类色彩具有空间扩张感，在视觉上可弥补空间小和采光不足的缺陷。需要注意的是，无论厨房大小，都应尽量避免大面积深色调，容易使人感到沉闷和压抑；同时不宜使用明暗对比十分强烈的颜色来装饰墙面或顶面，会使厨房面积在视觉上变小。

▲ 灰色调的蓝色橱柜使厨房空间看起来更有质感、更考究

六、卫浴间

卫浴对于色彩的选择并没有什么特殊禁忌，仅需注意缺乏透明度与纯净感的色彩要少量运用，而干净、清爽的浅色调非常适合卫浴。在适合大面积运用的色调中，如果采用其中的冷色调（蓝、绿色系）来布置卫浴，更能体现出清爽感；无色系中的白色也是非常适合卫浴大面积使用的色彩，淡灰色和黑色最好只作为点缀出现。

卫浴的墙面、地面在视觉上占有重要地位，颜色处理得当有助于提升装饰效果。一般有白色、浅绿色等。材料可以是瓷砖或马赛克，一般以接近透明液体的颜色为佳，可以有一些淡淡的花纹。

◀ 白色为背景色，浊蓝色为主角色，形成简朴但带有清爽感的氛围

◀ 白色系空间，加入金色搭配，既能保证卫浴间的简约、利落，又能增加现代感

七、玄关

玄关是从大门进入客厅的缓冲区域，一般面积都不大，并且光线也相对暗淡，因此最好选择浅淡的色彩，可以清爽的中性偏暖色调为主。如果玄关与客厅一体，则可以保持和客厅相同的配色，但依然以白色或浅色为主。在具体配色时，可以遵循吊顶颜色最浅、地板颜色最深、墙壁颜色介于两者之间做过渡的形式，能带来视觉上的稳定感。

► 米黄色的背景色搭配上棕色系地面色，突出温馨、柔和的同时也不失自然感

► 白色墙面色和灰色地面色构成玄关空间的主要两种色彩，所以显得简单、明快

第三节

缺陷空间的配色

一、采光不佳

房间的采光不好，除了拆除隔墙增加采光外，还可以通过色彩来增加采光度，如选择白色、米色、银色等浅色系，避免暗沉色调及浊色调。同时，要降低家具的高度，材料上最好选择面材带有光泽度的。

❶ 白色系

白色作为基础色有很好的反光度，能够表现出一尘不染的感觉，令空间显得明亮而纯粹。在采光不好的家居中设计白色墙面，可以起到良好的补充光线的作用。白色也具有很多层次，如果觉得纯白色太过单一，可以尝试进行白色系的组合搭配。

▲ 白色墙面和家具，令客厅看上去干净而通透，不拥挤

❷ 黄色系

黄色系是很亮丽的颜色，给人以温暖、亲切的感觉。同时，黄色系本身就具有阳光的色泽，非常适合采光不好的户型，可以从本质上改善户型的缺陷。

► 白色使整体空间看上去更敞亮，加上黄色沙发，活跃了客厅气氛，也使空间显得更明亮

❸ 蓝色系

蓝色系具有清爽、雅致的色彩印象，能够突破居室的烦闷氛围，也能有效地改善空间的采光程度。蓝色调既可以作为空间的背景色，也可以在白色系的空间中作为主角色。蓝色系要选择纯度较高的色调，或者是浅蓝色调；应避免诸如灰蓝色、深蓝色等加入黑色比重过多的色彩。

▲ 淡蓝色墙面和纯色调蓝色座椅形成呼应，增加清爽感和层次感

❹ 同一色调

同一色调的居室，会自然而然地扩增人们的视野范围，同时也能提高空间的亮度。色调上最好是采用亮色调，这样的色彩才能够有效化解户型采光不佳的缺陷。家具和地板要设计为浅色调，这样才能与墙壁搭配得协调统一，不显得突兀。

▲ 不同明度的棕色使空间看上去更加宽敞

二、层高过低

层高过低的户型会给人带来压抑感，给居住者带来不好的居住体验，又不能像层高过高的户型那样做吊顶设计。因此，针对过低层高的家居，最简洁有效的方式就是通过配色来改善户型缺陷，其中以浅色吊顶的设计方式最为有效。

❶ 浅色吊顶＋深色墙面

在层高较低的户型中，可以将吊顶刷成白色、灰白色或是浅冷色，这样的色彩可以在视觉上令吊顶显得比实际要高。同时把墙壁刷成对比较强烈的颜色，这样的配色效果非常显著。但黑色、深蓝色等暗色调并不适合墙面，这样的色调容易形成压抑感，非常不适合层高过低的空间。

▲ 白色顶面和深色墙面的配色方式，对于层高过低的户型十分有效

❷ 浅色系

浅色系相对于深色系具有延展感，用于层高过低的空间中，具有适当拉伸空间高度的效果。设计时，顶面、墙面、地面都可以选择浅色系，但可以在色彩的明度上进行调整。暖色系的墙面若想避免单调，可以选择带有花纹的壁纸，但原则是花形图案要尽可能小。

▲ 淡雅的配色方案有效地化解了层高过低的缺陷

❸ 同色调深浅搭配

同一色调构成的配色类型，可以用深浅不一的竖条纹来表现。同时，竖条纹本身具有延展性，可以在视觉上拉伸层高，而深浅搭配的色彩还可以丰富空间层次。同色调搭配时，最好选择明度本身较高的颜色，如蓝色、绿色等，这样的颜色可以令空间显得轻快。

▲ 同绿色调的配色令空间极具视觉跳跃性

❹ 不同色调深浅搭配

除了同色调深浅搭配，也可以采用不同色调的深浅搭配来化解户型层高过低的缺陷。但其中的一种颜色最好为黑色、白色等无彩色系，这样的配色具有稳定的效果，不会令空间显得杂乱。采用不同色调深浅搭配，色彩最好为两种，最多不超过三种，有别于同类色深浅搭配，过多色彩会令空间显得杂乱。

▲ 浅灰色可以视觉上拉伸倾斜的顶面，减少过低顶面带来的压迫感

三、狭小型

想要把小空间“变大”，最佳选择为彩度高、明亮的膨胀色，可以从视觉上使空间更宽敞。其中，白色是最基础的选择。另外，还可以用浅色调或偏冷色的色调，把四周墙面和吊顶，甚至细节部分都漆成相同的颜色，同样会对空间起到层次延伸的作用。

❶ 膨胀色

狭小型空间的配色首选膨胀色，即明度高、纯度高的颜色，可用作重点墙面的配色或重复的工艺品配色。一般来说，膨胀色多为暖色调。黄色、红色、橙色均为膨胀色，但不建议这种高亮色彩用作背景色，可作为配角色或点缀色使用。

▲ 黄色沙发使窄小的客厅有扩大感

❷ 白色系

白色是明度最高的色彩，具有高“膨胀”性，能够使窄小的空间显得宽敞。用白色来作为窄小空间的配色时，可以通过软装的色彩变化来丰富空间层次，但原则是用色不宜超过三种。

▶ 整体白色系卧室减少窄小空间带来的压迫感

❸ 浅色系

尽量用浅色调，浅色给人一种扩大感，十分适用于窄小型家居。浅色系包括鹅黄、淡粉、浅蓝等，使用时要注意整体家居色彩要尽量单一，以营造整体感。

▶ 选择浅色冷色蓝色作为背景色，可以让窄小的空间有扩大感

❹ 中性色

中性色是含有大比例黑或白的色彩，如沙色、石色、浅黄色、灰色、浅棕色等，这些色彩能带来扩大空间感的视觉效果，常常用作背景色。

▶ 木色家具在视觉上整体统一，带来扩大空间感

四、狭长型

狭长户型的开间和进深的比例失衡比较严重，几乎是所有户型中最难设计的。因为有两面墙的距离比较近，且往往远离窗户的一面会有采光不佳的缺陷，所以墙面的背景色要尽量使用一些淡雅且能够彰显宽敞感的后退色，使空间看起来更舒适、明亮。

❶ 白色 + 灰色

白色系的空间可以令狭长型空间显得通透、明亮，而灰色系除了具备与白色系类似的功能之外，还可以令空间显得更有格调。将两种颜色搭配运用，可以很好地弱化狭长型居室的缺陷。

► 白色和灰色墙面设计不仅有格调，还能弱化狭长型居室的空间缺陷

❷ 浅色系

在狭长型的空间中，可以为顶面、墙壁、家具和地面都选用同样的浅色实木材料，相同的颜色和质感，能够形成和谐统一的视觉效果，从而在无形中扩充空间的体量。

► 浅原木色家具与地板整体扩大居室视觉效果

③ 低重心配色

全部白色的墙面能够使狭长型的空间显得明亮、宽敞，弱化缺陷。为了避免空间过于单调，可以搭配彩色软装；而将地面设计为深色，则可以避免产生头重脚轻的感觉。

► 白色吊顶与墙面弱化户型狭长缺陷

④ 彩色墙面（膨胀色）

狭长型家居可以利用膨胀色装饰主题墙，这样的设计是为了在空间内塑造出一个视觉焦点，从而弱化对户型缺陷的关注，这种配色适合追求个性的居住者。膨胀色的运用只针对主题墙，不宜在整个家居中使用，会造成视觉污染，使户型缺陷更加明显。

► 花蓝色墙砖符合空间特性，同时又能解决户型缺陷问题

五、不规则

可以将异形墙面与其他墙面的色彩进行区分，也可以用后期软装的色彩来做区别，背景墙、装饰摆件都可以破例选用另类造型和鲜艳的色彩。在有些户型中，不规则的是玄关、过道等非主体部分，配色时在地面上可以适当进行一些色彩的拼接，来强化这种不规则的特点。

❶ 白色系 + 色彩点缀

白色系具有纯净、清爽的视觉效果，特别适用于不规则的小空间，能够弱化墙面的不规则形状。若觉得空间会显得单调，则可以利用色彩点缀来丰富空间。黄色、红色、橙色均为膨胀色，但这种高亮色彩不建议作为背景色，可作为配角色或点缀色使用。

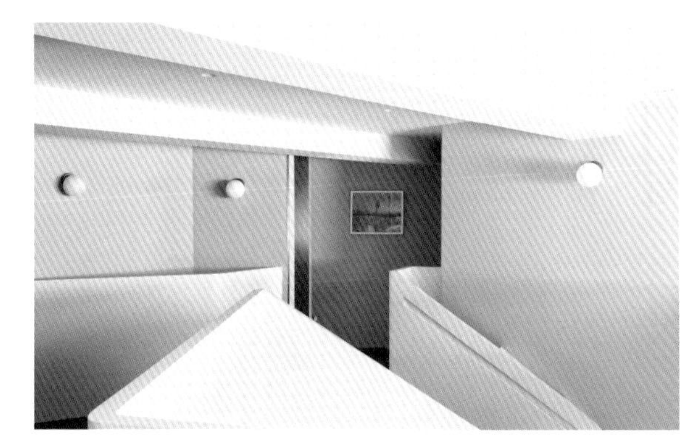

▲ 白色用在不规则的墙面和顶面，弱化不规则感；淡粉色则用在正常墙面上，丰富空间

▲ 白色用在顶面弱化顶部不规则形状，黄色的点缀色具有膨胀作用并增强空间亮度

❷ 浅色吊顶 + 彩色墙面

浅色吊顶 + 彩色墙面能够减少不规则空间带来的不适感，而浅色的吊顶则能中和彩色墙面带来的刺激感。

▲ 绿色背景墙和地毯弱化了不规则房型带来的不适感，令空间显得趣味性十足

▲ 可以利用深色墙面和白色顶面弱化不规则的墙面和过高的顶面带来的不适感

③ 色彩拼接

拥有不规则墙面的户型，也可以利用色彩的拼接来弱化空间的缺陷。如选择条纹形壁纸装饰墙面，形成设计亮点，使人忽视户型缺陷，这样的设计较适合追求个性的居住者。一般来说，色彩拼接最好选择浅淡色系，过于强烈的色彩会产生视觉上的杂乱感。

▲ 浅浊粉色与浅蓝色拼接，弱化了空间造型的突出感

④ 纯色墙面 + 深色地面

一般来说，墙面的色彩略深，地面的色彩则为浅淡色系，这样的配色可以使空间显得轻盈而富有个性。

▲深色地板与渐变墙面搭配更有轻盈感